영역별 반복집중학습 프로그램

기탄영역별수학
도형·측정편

수학과 교육과정에서 초등학교 수학 내용은 '수와 연산', '도형', '측정', '규칙성', '자료와 가능성'의 5개 영역으로 구성되는데, 우리가 이 교재에서 다룰 영역은 '도형·측정'입니다.

'도형' 영역에서는 평면도형과 입체도형의 개념, 구성요소, 성질과 공간감각을 다룹니다. 평면도형이나 입체도형의 개념과 성질에 대한 이해는 실생활 문제를 해결하는 데 기초가 되며, 수학의 다른 영역의 개념과 밀접하게 관련되어 있습니다. 또한 도형을 다루는 경험으로부터 비롯되는 공간감각은 수학적 소양을 기르는 데 도움이 됩니다.

'측정' 영역에서는 시간, 길이, 들이, 무게, 각도, 넓이, 부피 등 다양한 속성의 측정과 어림을 다룹니다. 우리 생활 주변의 측정 과정에서 경험하는 양의 비교, 측정, 어림은 수학 학습을 통해 길러야 할 중요한 기능이고, 이는 실생활이나 타 교과의 학습에서 유용하게 활용되며, 또한 측정을 통해 길러지는 양감은 수학적 소양을 기르는 데 도움이 됩니다.

1. 부족한 부분에 대한 집중 연습이 가능

도형·측정 영역은 직관적으로 쉽다고 느끼는 아이들도 있지만, 많은 아이들이 수·연산 영역에 비해 많이 어려워합니다.
길이, 무게, 넓이 등의 여러 속성을 비교하거나 어림해야 할 때는 섬세한 양감능력이 필요하고, 입체도형의 겉넓이나 부피를 구해야 할 때는 도형의 속성, 전개도의 이해는 물론 계산능력까지도 필요합니다. 도형을 돌리거나 뒤집는 대칭이동을 알아볼 때는 실제 해본 경험을 토대로 하여 형성된 추론능력이 필요하기도 합니다.
다른 여러 영역에 비해 도형·측정 영역은 이렇게 종합적이고 논리적인 사고와 직관력을 동시에 필요로 하기 때문에 문제 상황에 익숙해지기까지는 당황스러울 수밖에 없습니다.
하지만 절대 걱정할 필요가 없습니다.
기초부터 차근차근 쌓아 올라가야만 다른 단계로의 확장이 가능한 수·연산 등 다른 영역과 달리, 도형·측정 영역은 각각의 내용들이 독립성 있는 경우가 대부분이어서 부족한 부분만 집중 연습해도 충분히 그 부분의 완성도 있는 학습이 가능하기 때문입니다.
이번에 기탄에서 출시한 기탄영역별수학 도형·측정편으로 부족한 부분을 선택하여 집중적으로 연습해 보세요. 원하는 만큼 실력과 자신감이 쑥쑥 향상됩니다.

2. 학습 부담 없는 알맞은 분량

내게 부족한 부분을 선택해서 집중 연습하려고 할 때, 그 부분의 학습 분량이 너무 많으면 부담 때문에 시작하기조차 힘들 수 있습니다.
무조건 문제 수가 많은 것보다 학습의 흥미도를 떨어뜨리지 않는 범위 내에서 필요한 만큼 충분한 양일 때 학습효과가 가장 좋습니다.
기탄영역별수학 도형·측정편은 다루어야 할 내용을 세분화하여, 한 가지 내용에 대한 학습량도 권당 80쪽, 쪽당 문제 수도 3~8문제 정도로 여유 있게 배치하여 학습 부담을 줄이고 학습효과는 높였습니다.
학습자의 상태를 가장 많이 고민한 책, 기탄영역별수학 도형·측정편으로 미루어 두었던 수학에의 도전을 시작해 보세요.

이 책의 구성

★ 본 학습

제목을 통해 이번 차시에서 학습해야 할 내용이 무엇인지 짚어 보고, 그것을 익히기 위한 최적화된 연습문제를 반복해서 집중적으로 풀어 볼 수 있습니다.

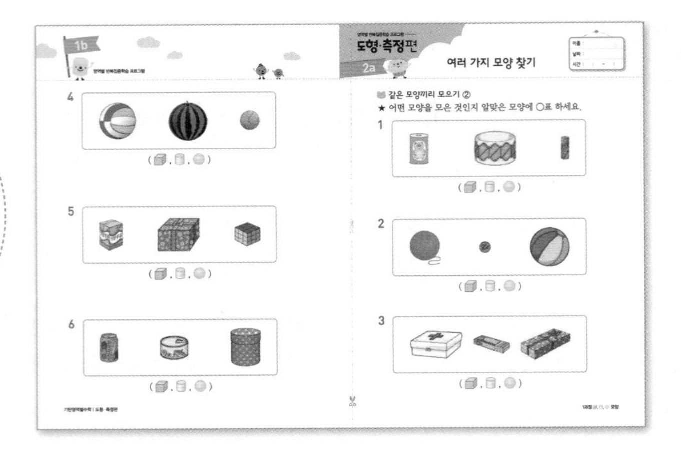

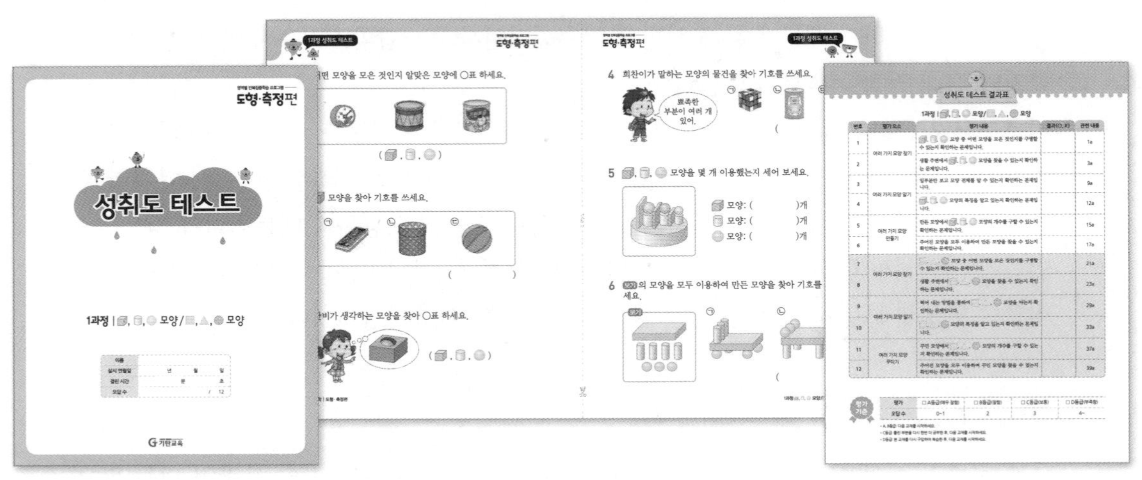

★ 성취도 테스트

성취도 테스트는 본문에서 집중 연습한 내용을 최종적으로 한번 더 확인해 보는 문제들로 구성되어 있습니다. 성취도 테스트를 풀어 본 후, 결과표에 내가 맞은 문제인지 틀린 문제인지 체크를 해가며 각각의 문항을 통해 성취해야 할 학습목표와 학습내용을 짚어 보고, 성취된 부분과 부족한 부분이 무엇인지 확인합니다.

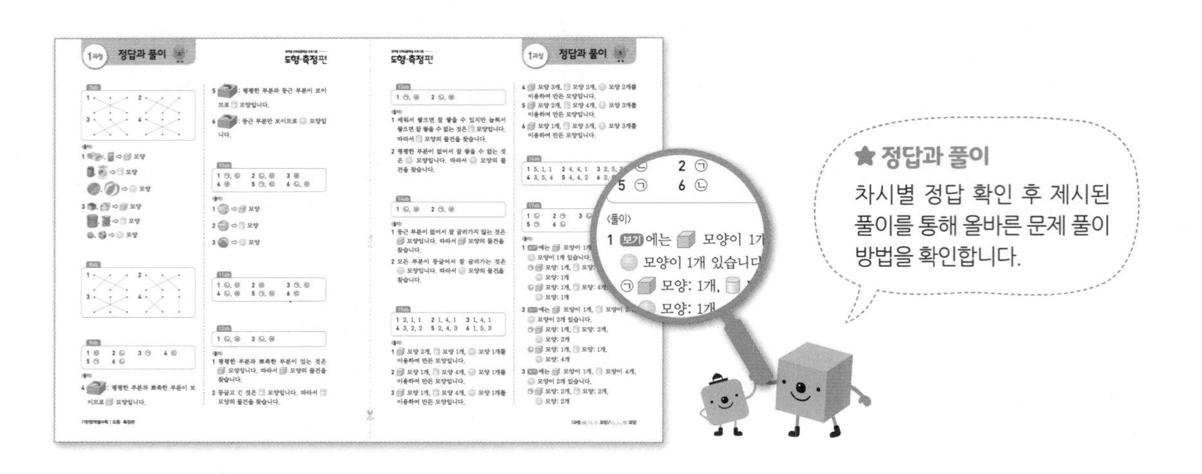

★ 정답과 풀이

차시별 정답 확인 후 제시된 풀이를 통해 올바른 문제 풀이 방법을 확인합니다.

기탄영역별수학

도형·측정편

기초부터 탄탄하게
기탄교육

들이

무게

들이 비교

이름 :
날짜 :
시간 : : ~ :

두 병끼리 비교하기

★ 여러 가지 병에 물을 가득 채운 후 물병에 옮겨 담았더니 그림과 같았습니다. 어떤 것의 들이가 더 많은지 알아보세요.

1

( )

2

( )

3

( )

★ 왼쪽의 그릇에 물을 가득 채운 후 오른쪽에 있는 그릇에 모두 옮겨 담았더니 그림과 같았습니다. 어떤 그릇의 들이가 더 많은지 알아보고, 더 많은 쪽에 ○표 하세요.

4

( ) ( )

5

( ) ( )

6

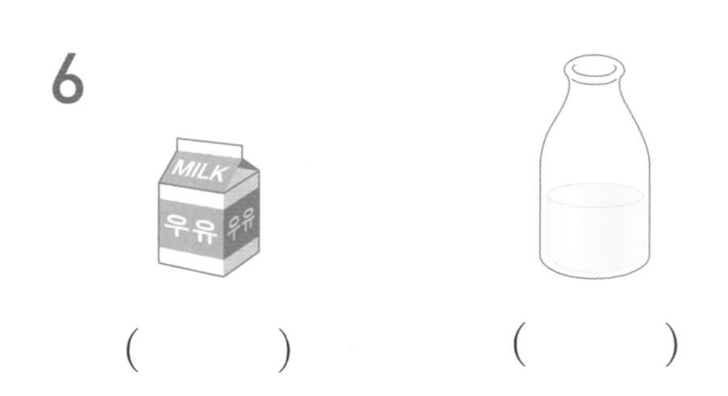

( ) ( )

들이 비교

이름 :
날짜 :
시간 : : ~ :

같은 크기의 그릇에 담아 비교하기

★ ㉮와 ㉯의 그릇에 물을 가득 채운 후 모양과 크기가 같은 그릇에 모두 옮겨 담았더니 그림과 같았습니다. ㉮와 ㉯ 중 어느 것의 들이가 더 많은지 써 보세요.

1
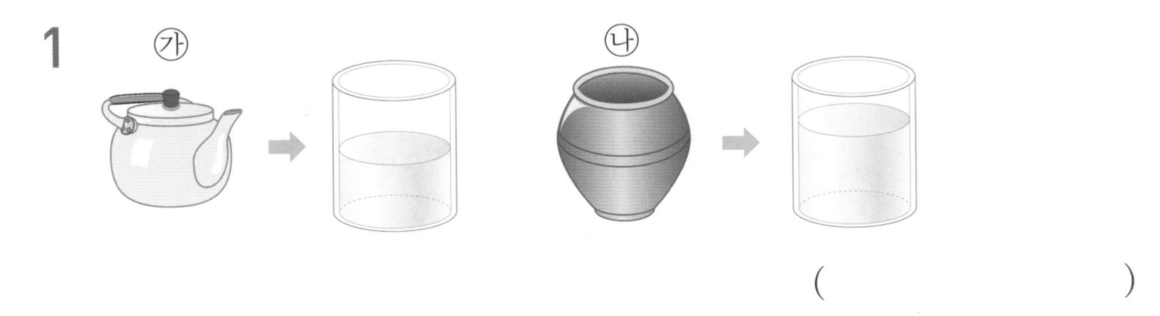

( )

2
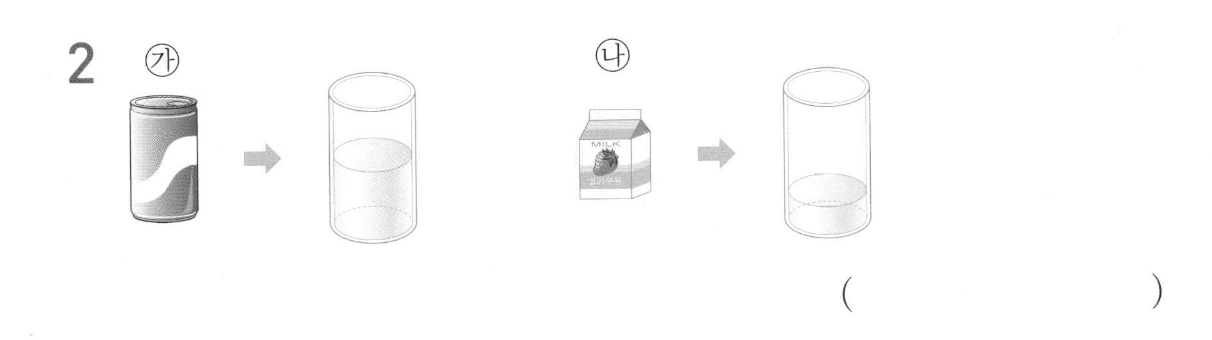

( )

3
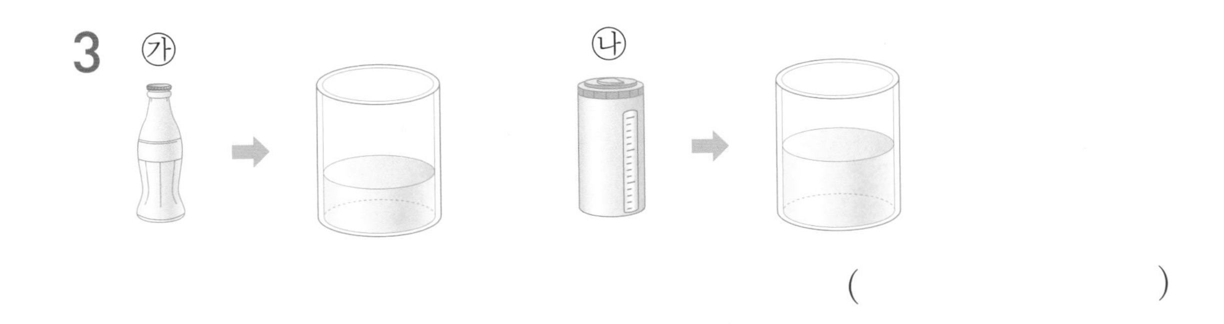

( )

자르는 선

★ ㉮, ㉯, ㉰의 그릇에 물을 가득 채운 후 모양과 크기가 같은 그릇에 모두 옮겨 담았더니 그림과 같았습니다. ㉮, ㉯, ㉰ 중 어느 것의 들이가 가장 많은지 써 보세요.

4 ㉮ ㉯ ㉰

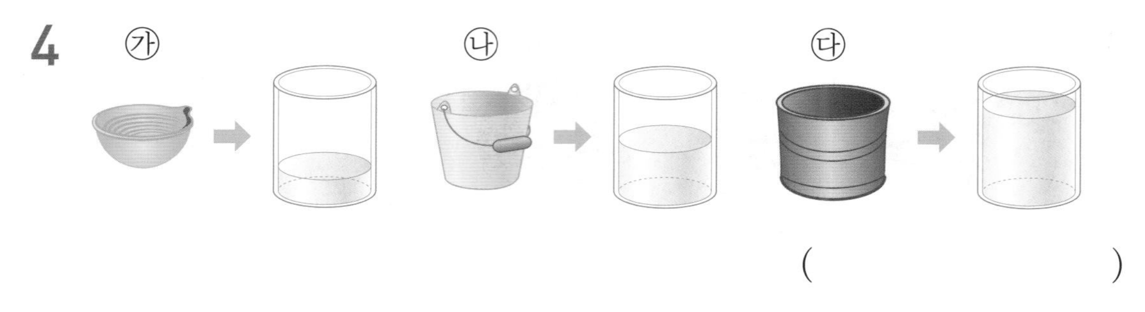

(　　　　　　　　)

5 ㉮ ㉯ ㉰

(　　　　　　　　)

6 ㉮ ㉯ ㉰

(　　　　　　　　)

3a

들이 비교

이름 :
날짜 :
시간 : : ~ :

단위들이를 이용하여 비교하기

★ ㉮와 ㉯의 그릇에 물을 가득 채운 후 모양과 크기가 같은 컵에 모두 옮겨 담았더니 그림과 같았습니다. ㉮와 ㉯ 중 어느 것의 들이가 더 많은지 써 보세요.

1 ㉮ ㉯

( )

2 ㉮ ㉯

( )

3 ㉮ ㉯

( )

자르는 선

★ ㉮, ㉯, ㉰의 그릇에 물을 가득 채운 후 모양과 크기가 같은 컵에 모두 옮겨 담았더니 그림과 같았습니다. ㉮, ㉯, ㉰ 중 어느 것의 들이가 가장 많은지 써 보세요.

4 ㉮ ㉯ ㉰

( )

5 ㉮ ㉯ ㉰

( )

6 ㉮ ㉯ ㉰

( )

이름 :
날짜 :
시간 : : ~ :

들이 비교

세 그릇의 들이 비교

★ 들이가 많은 그릇부터 순서대로 번호를 쓰세요.

1

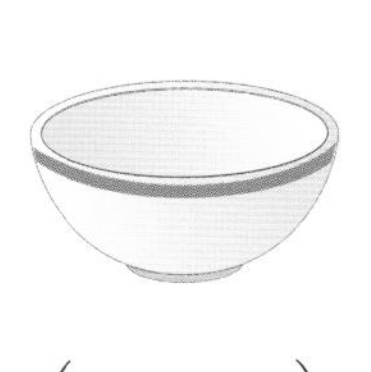  

( ) ( ) ( )

2

  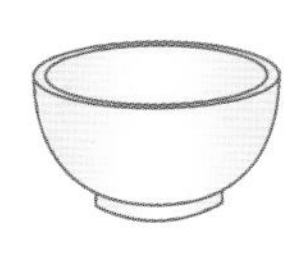

( ) ( ) ( )

3

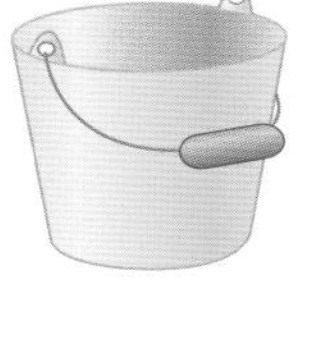  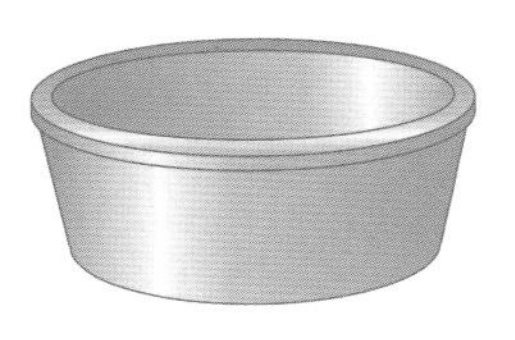

( ) ( ) ( )

자르는 선

★ 들이가 많은 그릇부터 순서대로 번호를 쓰세요.

4

( ) ( ) ( )

5

( ) ( ) ( )

6

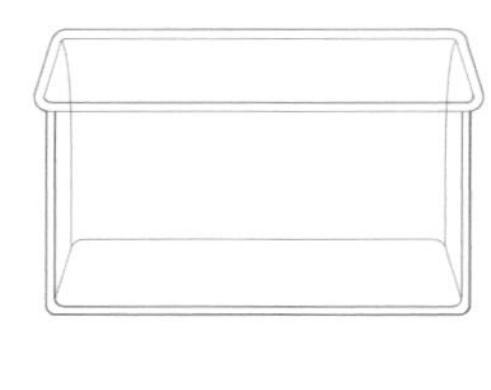

( ) ( ) ( )

들이 단위

이름 :
날짜 :
시간 : : ~ :

mL와 L 알기

★ 그림을 보고 ▢ 안에 mL와 L 중에서 알맞은 것을 써넣으세요.

1  요구르트병 ⇨ 80 ▢

2  우유갑 ⇨ 200 ▢

3  종이컵 ⇨ 180 ▢

4  기름병  ⇨ 650 

★ 그림을 보고 ▢ 안에 mL와 L 중에서 알맞은 것을 써넣으세요.

5

주스병  1 ▢

6

생수병  2 ▢

7

대야  4 ▢

8

세제통  1 ▢ 800 ▢

들이 단위

이름 :
날짜 :
시간 : : ~ :

들이 단위 알맞게 쓴 것 찾기

★ 그림을 보고 들이의 단위를 알맞게 사용한 것은 ○표, 그렇지 않은 것은 ×표 하세요.

1

이 약병에 들어 있는 물약은 20 L 정도 돼.

( )

2

나는 오늘 1 mL나 주스를 마셨지.

( )

3

내가 들고 있는 이 컵의 들이는 200 mL야.

( )

4

( )

5

욕조에 채운 물이 300 mL야.

( )

6

이 대야에 3 L의 물을 채웠지.

( )

자르는 선

★ 그림을 보고 들이의 단위를 알맞게 사용한 것은 ○표, 그렇지 않은 것은 ×표 하세요.

들이 단위

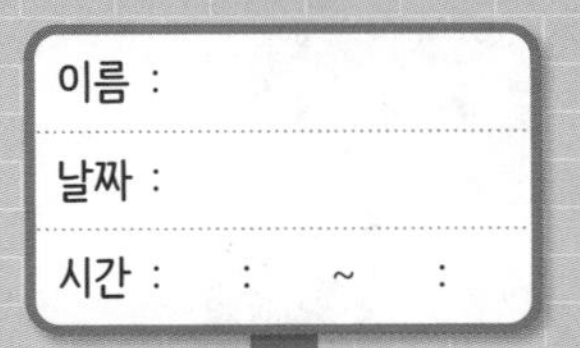

들이 눈금 읽기

★ 물의 양이 얼마인지 눈금을 읽고 ☐ 안에 알맞은 수를 써넣으세요.

1

☐ mL

2

☐ mL

3

☐ mL

4

☐ mL

5

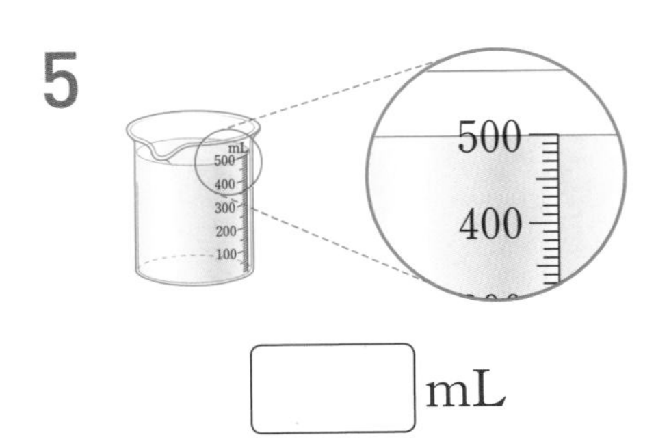

☐ mL

★ 물의 양이 얼마인지 눈금을 읽고 □ 안에 알맞은 수를 써넣으세요.

6

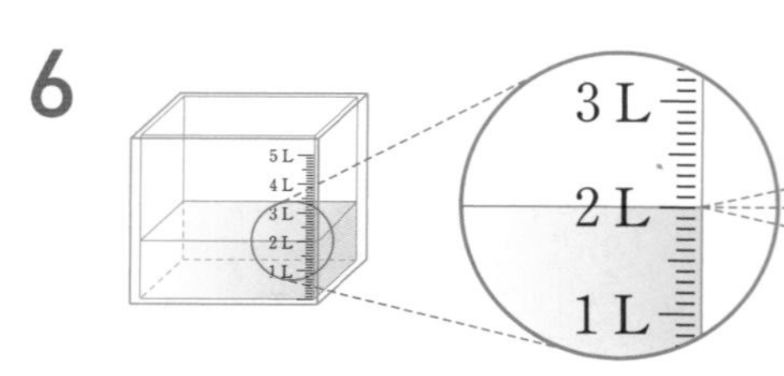

L와 L 사이의
작은 눈금 한 칸은
100 mL를 나타냅니다.

□ L

7

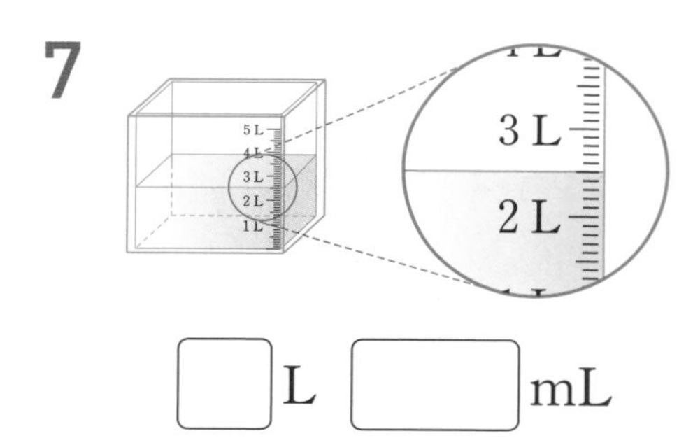

□ L □ mL

8

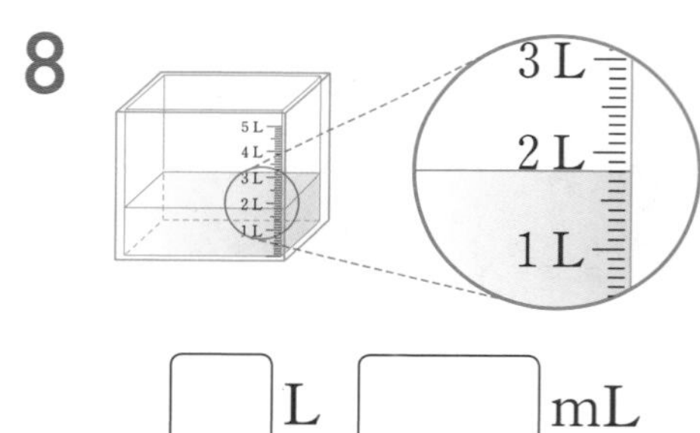

□ L □ mL

9

10

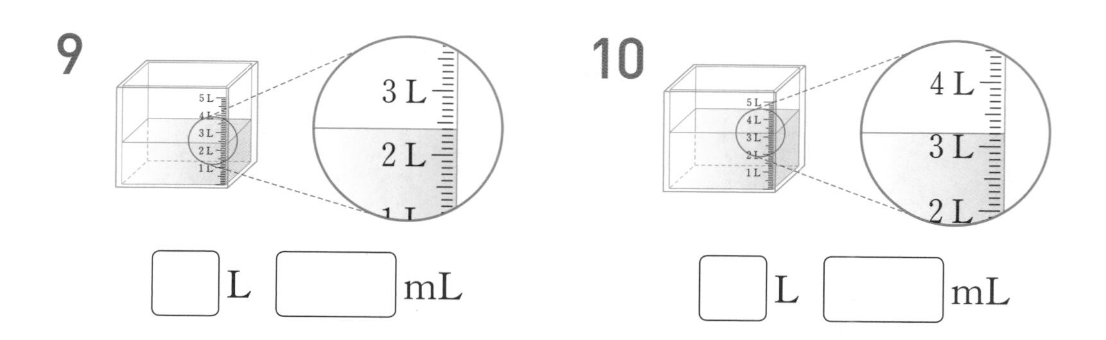

□ L □ mL

□ L □ mL

들이 단위

이름 :

날짜 :

시간 : : ~ :

L와 mL의 관계

★ ▢ 안에 알맞은 수를 써넣으세요.

1 2 L=▢ mL

2 4 L 700 mL=4 L+700 mL

=▢ mL+▢ mL=▢ mL

3 5 L 400 mL=▢ mL

4 8 L 250 mL=▢ mL

5 1 L 940 mL=▢ mL

6 3 L 560 mL=▢ mL

7 7 L 190 mL=▢ mL

8 12 L 600 mL=▢ mL

★ ▢ 안에 알맞은 수를 써넣으세요.

9 7000 mL=▢L

10 4310 mL=4000 mL+310 mL

=▢L+▢mL=▢L ▢mL

11 6700 mL=▢L ▢mL

12 1900 mL=▢L ▢mL

13 2550 mL=▢L ▢mL

14 3840 mL=▢L ▢mL

15 8260 mL=▢L ▢mL

16 21600 mL=▢L ▢mL

9a

들이 어림하고 재어 보기

이름 :

날짜 :

시간 : : ~ :

들이 어림해 보기

★ 각 그릇에 물을 가득 채운 후 비커에 옮겨 담았습니다. 각 그릇의 들이를 어림하여 ▢ 안에 알맞은 수를 써넣으세요.

1

약 ▢ mL

2

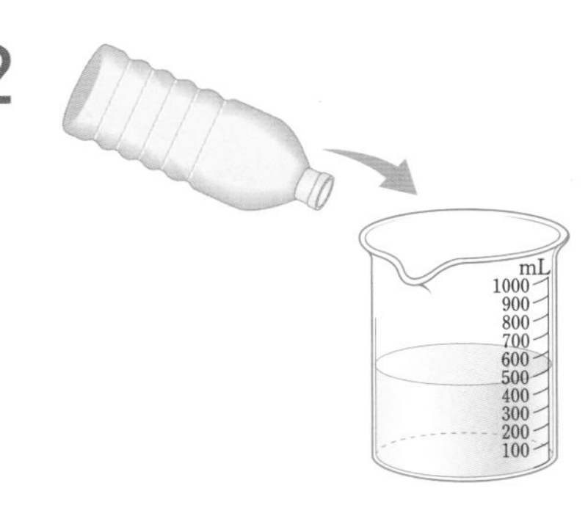

약 ▢ mL

3

약 ▢ mL

4

약 ▢ mL

★ 각 그릇에 물을 가득 채운 후 비커에 옮겨 담았습니다. 각 그릇의 들이를 어림하여 ▢ 안에 알맞은 수를 써넣으세요.

5

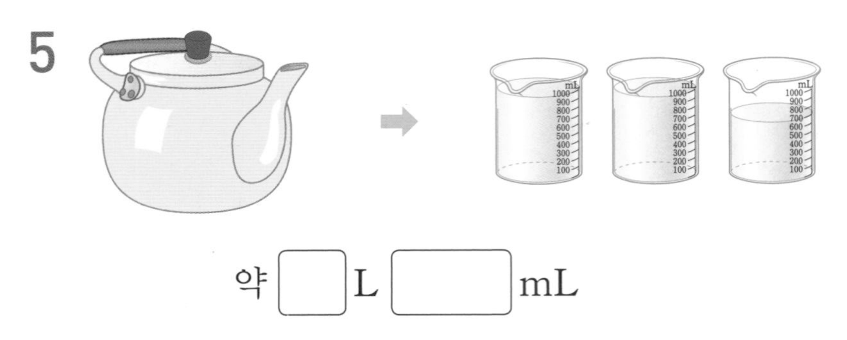

약 ▢ L ▢ mL

6

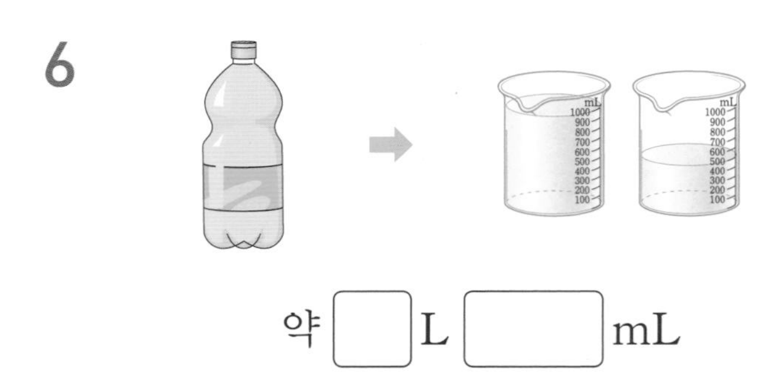

약 ▢ L ▢ mL

7

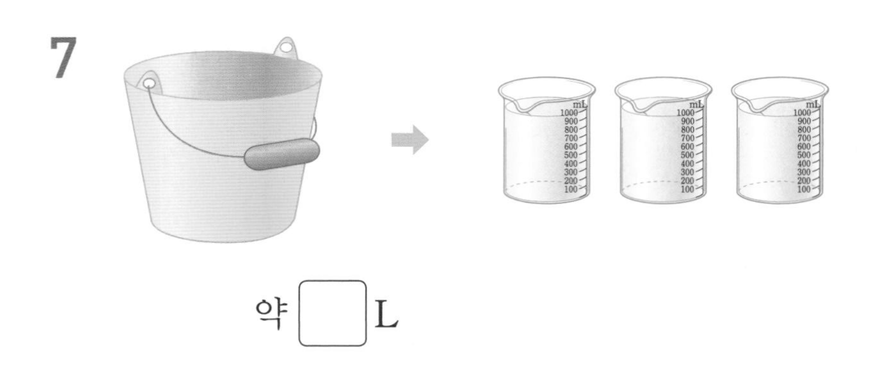

약 ▢ L

이름 :
날짜 :
시간 : : ~ :

들이 어림하고 재어 보기

어림한 들이에 알맞은 단위 쓰기

★ 어느 단위를 사용하여 들이를 재면 편리할지 알맞은 도구에 ○표 하세요.

1

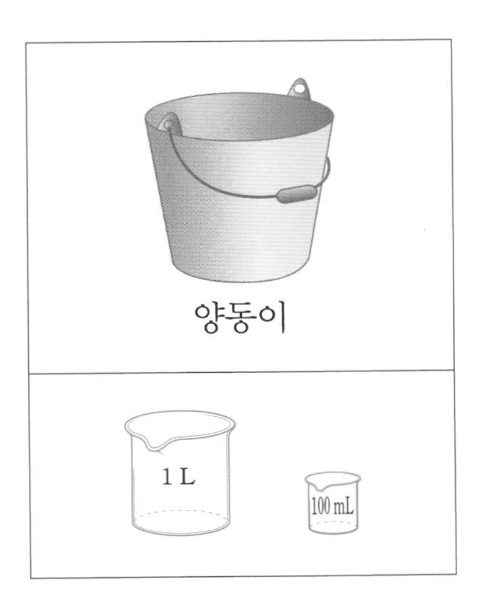

2

3

4

자르는 선

★ 알맞은 단위를 선택하여 ○표 하세요.

5

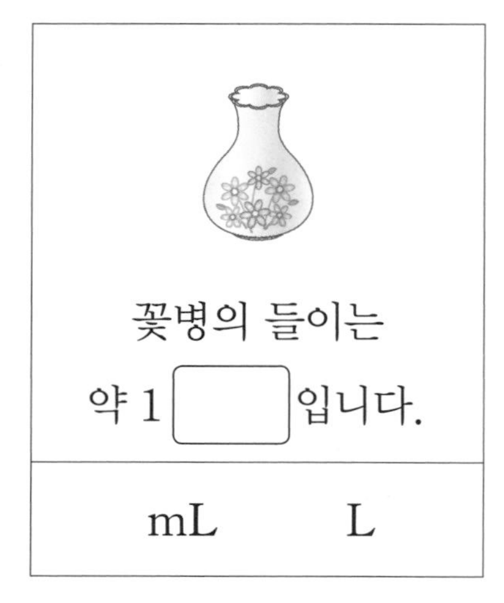

꽃병의 들이는
약 1 [ ] 입니다.

mL　　L

6

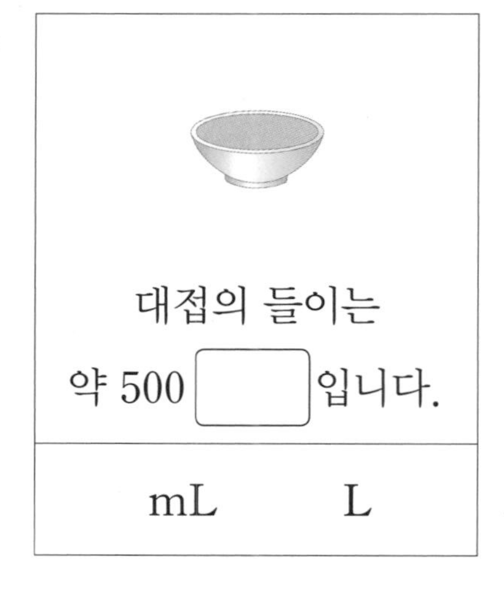

대접의 들이는
약 500 [ ] 입니다.

mL　　L

7

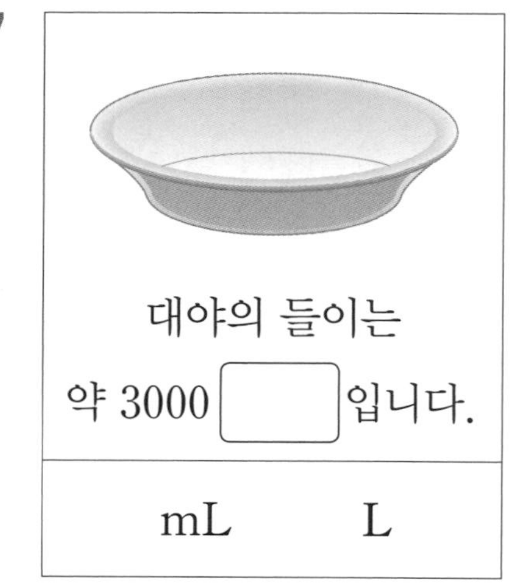

대야의 들이는
약 3000 [ ] 입니다.

mL　　L

8

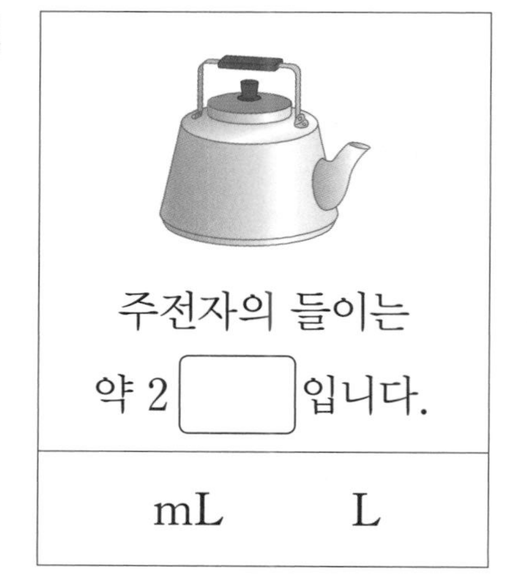

주전자의 들이는
약 2 [ ] 입니다.

mL　　L

11a

들이 어림하고 재어 보기

이름 :
날짜 :
시간 : : ~ :

주어진 들이에 알맞은 물건 예상해 보기

★ 주어진 들이에 알맞은 물건을 예상하여 ○표 해 보세요.

1

2

200 mL	세제통	컵	주전자	물뿌리개

3

500 mL	분무기	컵	물약병	물통

4

3 L	욕조	생수병	주전자

★ 보기 에서 물건을 선택하여 문장을 완성해 보세요.

5 ☐ 의 들이는 약 2 L입니다.

6 ☐ 의 들이는 약 4 L입니다.

7 ☐ 의 들이는 약 80 mL입니다.

8 ☐ 의 들이는 약 1000 mL입니다.

9 ☐ 의 들이는 약 300 mL입니다.

들이의 덧셈과 뺄셈

이름 :

날짜 :

시간 : : ~ :

그림을 보고 덧셈, 뺄셈하기

★ 그림을 보고 ☐ 안에 알맞은 수를 써넣으세요.

1

1 L 200 mL+1 L 500 mL=☐ L ☐ mL

2

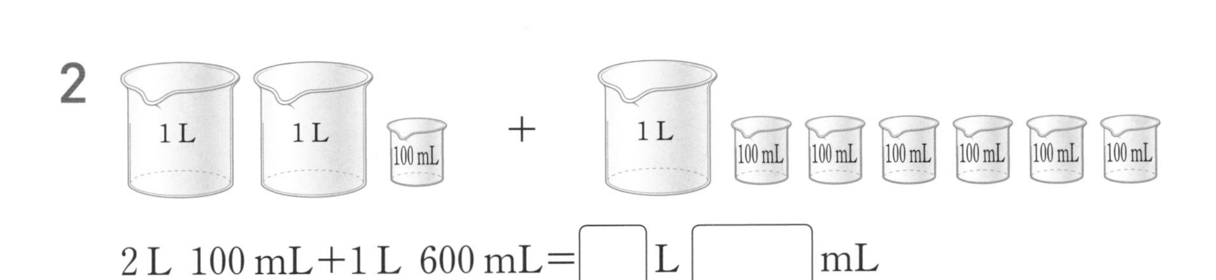

2 L 100 mL+1 L 600 mL=☐ L ☐ mL

3

1 L 400 mL

3 L 500 mL

1 L 400 mL+3 L 500 mL=☐ L ☐ mL

자르는 선

★ 그림을 보고 ▢ 안에 알맞은 수를 써넣으세요.

4

2 L 800 mL−1 L 700 mL=▢ L ▢ mL

5

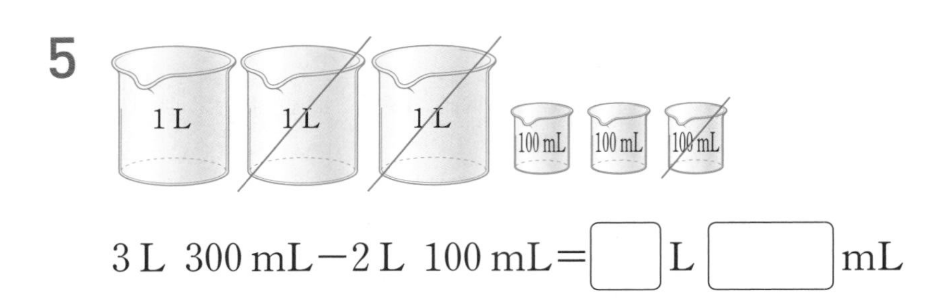

3 L 300 mL−2 L 100 mL=▢ L ▢ mL

6

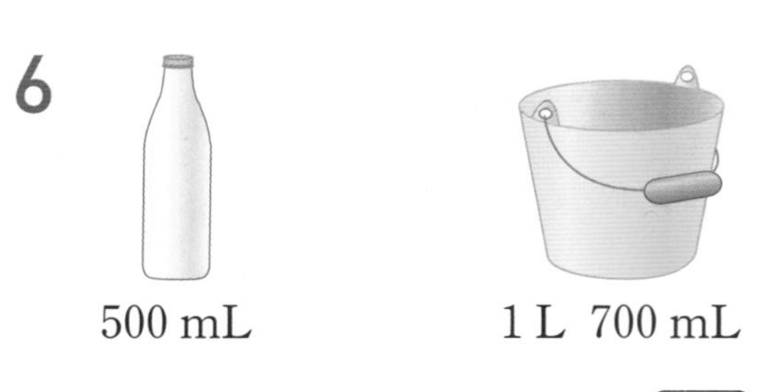

500 mL 1 L 700 mL

1 L 700 mL−500 mL=▢ L ▢ mL

들이의 덧셈과 뺄셈

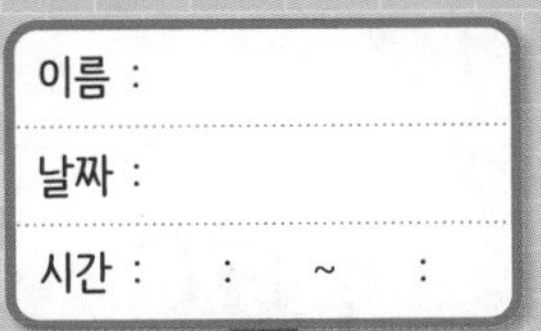

mL 덧셈

★ □ 안에 알맞은 수를 써넣으세요.

1 2000 mL+1500 mL=□ mL=□ L □ mL

2 4100 mL+5300 mL=□ mL=□ L □ mL

3 3500 mL+2400 mL=□ mL=□ L □ mL

4 6300 mL+1500 mL=□ mL=□ L □ mL

5 2150 mL+1640 mL=□ mL=□ L □ mL

6 4340 mL+3230 mL=□ mL=□ L □ mL

7 7420 mL+2470 mL=□ mL=□ L □ mL

8 5620 mL+4200 mL=□ mL=□ L □ mL

자르는 선

★ ▢ 안에 알맞은 수를 써넣으세요.

9 2800 mL+2600 mL=▢ mL=▢ L ▢ mL

10 1500 mL+4700 mL=▢ mL=▢ L ▢ mL

11 3600 mL+1800 mL=▢ mL=▢ L ▢ mL

12 2680 mL+5500 mL=▢ mL=▢ L ▢ mL

13 6540 mL+1740 mL=▢ mL=▢ L ▢ mL

14 3700 mL+5460 mL=▢ mL=▢ L ▢ mL

15 4720 mL+8600 mL=▢ mL=▢ L ▢ mL

16 7850 mL+4960 mL=▢ mL=▢ L ▢ mL

이름 :
날짜 :
시간 : : ~ :

들이의 덧셈과 뺄셈

mL 뺄셈

★ ▢ 안에 알맞은 수를 써넣으세요.

1 5200 mL－1000 mL=▢mL=▢L ▢mL

2 4500 mL－2300 mL=▢mL=▢L ▢mL

3 6700 mL－1400 mL=▢mL=▢L ▢mL

4 8400 mL－3300 mL=▢mL=▢L ▢mL

5 7450 mL－4120 mL=▢mL=▢L ▢mL

6 2740 mL－1230 mL=▢mL=▢L ▢mL

7 9320 mL－5200 mL=▢mL=▢L ▢mL

8 14700 mL－3500 mL=▢mL=▢L ▢mL

★ ▢ 안에 알맞은 수를 써넣으세요.

9 5300 mL－2700 mL＝▢ mL＝▢ L ▢ mL

10 4100 mL－1600 mL＝▢ mL＝▢ L ▢ mL

11 7400 mL－4800 mL＝▢ mL＝▢ L ▢ mL

12 3260 mL－1400 mL＝▢ mL＝▢ L ▢ mL

13 6530 mL－2810 mL＝▢ mL＝▢ L ▢ mL

14 9150 mL－5460 mL＝▢ mL＝▢ L ▢ mL

15 8040 mL－3750 mL＝▢ mL＝▢ L ▢ mL

16 21200 mL－6600 mL＝▢ mL＝▢ L ▢ mL

들이의 덧셈과 뺄셈

이름 :
날짜 :
시간 : : ~ :

받아올림이 없는 L, mL 덧셈

★ ▢ 안에 알맞은 수를 써넣으세요.

1 1 L 400 mL+1 L 300 mL=▢ L ▢ mL

2 2 L 100 mL+1 L 600 mL=▢ L ▢ mL

3 1 L 300 mL+3 L 500 mL=▢ L ▢ mL

4 1 L 150 mL+1 L 400 mL=▢ L ▢ mL

5 4 L 240 mL+3 L 510 mL=▢ L ▢ mL

6 7 L 530 mL+2 L 250 mL=▢ L ▢ mL

7 6 L 460 mL+5 L 340 mL=▢ L ▢ mL

8 8 L 280 mL+4 L 630 mL=▢ L ▢ mL

자르는 선

★ ▢ 안에 알맞은 수를 써넣으세요.

9

$$\begin{array}{rrrrr} & 2 & \text{L} & 500 & \text{mL} \\ + & 3 & \text{L} & 200 & \text{mL} \\ \hline & \square & \text{L} & \square & \text{mL} \end{array}$$

10

$$\begin{array}{rrrrr} & 3 & \text{L} & 600 & \text{mL} \\ + & 1 & \text{L} & 300 & \text{mL} \\ \hline & \square & \text{L} & \square & \text{mL} \end{array}$$

11

$$\begin{array}{rrrrr} & 2 & \text{L} & 400 & \text{mL} \\ + & 4 & \text{L} & 100 & \text{mL} \\ \hline & \square & \text{L} & \square & \text{mL} \end{array}$$

12

$$\begin{array}{rrrrr} & 7 & \text{L} & 300 & \text{mL} \\ + & 2 & \text{L} & 400 & \text{mL} \\ \hline & \square & \text{L} & \square & \text{mL} \end{array}$$

13

$$\begin{array}{rrrrr} & 1 & \text{L} & 150 & \text{mL} \\ + & 6 & \text{L} & 240 & \text{mL} \\ \hline & \square & \text{L} & \square & \text{mL} \end{array}$$

14

$$\begin{array}{rrrrr} & 5 & \text{L} & 320 & \text{mL} \\ + & 2 & \text{L} & 550 & \text{mL} \\ \hline & \square & \text{L} & \square & \text{mL} \end{array}$$

15

$$\begin{array}{rrrrr} & 8 & \text{L} & 160 & \text{mL} \\ + & 3 & \text{L} & 280 & \text{mL} \\ \hline & \square & \text{L} & \square & \text{mL} \end{array}$$

16

$$\begin{array}{rrrrr} & 6 & \text{L} & 720 & \text{mL} \\ + & 5 & \text{L} & 150 & \text{mL} \\ \hline & \square & \text{L} & \square & \text{mL} \end{array}$$

이름 :
날짜 :
시간 : : ~ :

들이의 덧셈과 뺄셈

받아내림이 없는 L, mL 뺄셈

★ ▢ 안에 알맞은 수를 써넣으세요.

1 6 L 500 mL−1 L 200 mL=▢ L ▢ mL

2 4 L 800 mL−2 L 500 mL=▢ L ▢ mL

3 8 L 400 mL−3 L 300 mL=▢ L ▢ mL

4 6 L 700 mL−4 L 100 mL=▢ L ▢ mL

5 5 L 750 mL−1 L 600 mL=▢ L ▢ mL

6 3 L 280 mL−2 L 160 mL=▢ L ▢ mL

7 9 L 660 mL−5 L 540 mL=▢ L ▢ mL

8 11 L 800 mL−7 L 400 mL=▢ L ▢ mL

자르는 선

★ □ 안에 알맞은 수를 써넣으세요.

9

	4 L	800 mL
−	2 L	400 mL
	□ L	□ mL

10

	6 L	500 mL
−	1 L	300 mL
	□ L	□ mL

11

	8 L	700 mL
−	3 L	200 mL
	□ L	□ mL

12

	5 L	600 mL
−	4 L	100 mL
	□ L	□ mL

13

	3 L	480 mL
−	1 L	300 mL
	□ L	□ mL

14

	7 L	540 mL
−	4 L	230 mL
	□ L	□ mL

15

	9 L	620 mL
−	5 L	340 mL
	□ L	□ mL

16

	11 L	450 mL
−	6 L	190 mL
	□ L	□ mL

17a

들이의 덧셈과 뺄셈

이름 :

날짜 :

시간 : : ~ :

받아올림이 있는 L, mL 덧셈 ①

★ □ 안에 알맞은 수를 써넣으세요.

mL끼리 더한 값이 1000이 넘으면 1000 mL를 1 L로 받아올림합니다.

1 1 L 500 mL+1 L 800 mL= 2 L 1300 mL

= 3 L 300 mL

2 2 L 400 mL+1 L 700 mL=□ L □ mL

=□ L □ mL

3 4 L 300 mL+3 L 900 mL=□ L □ mL

=□ L □ mL

4 3 L 550 mL+2 L 600 mL=□ L □ mL

=□ L □ mL

5 5 L 840 mL+3 L 510 mL=□ L □ mL

=□ L □ mL

6 7 L 680 mL+1 L 350 mL=□ L □ mL

=□ L □ mL

★ ▢ 안에 알맞은 수를 써넣으세요.

7 4 L 500 mL+5 L 600 mL=▢ L ▢ mL
=▢ L ▢ mL

8 7 L 550 mL+2 L 800 mL=▢ L ▢ mL
=▢ L ▢ mL

9 1 L 800 mL+3 L 480 mL=▢ L ▢ mL
=▢ L ▢ mL

10 6 L 740 mL+5 L 630 mL=▢ L ▢ mL
=▢ L ▢ mL

11 2 L 950 mL+6 L 270 mL=▢ L ▢ mL
=▢ L ▢ mL

12 8 L 680 mL+4 L 370 mL=▢ L ▢ mL
=▢ L ▢ mL

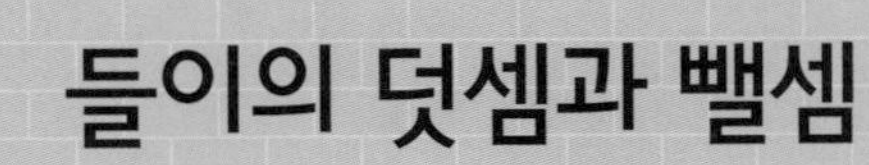

이름 :

날짜 :

시간 : : ~ :

받아올림이 있는 L, mL 덧셈 ②

★ ☐ 안에 알맞은 수를 써넣으세요.

1

	☐			
	3	L	600	mL
+	4	L	700	mL
	☐	L	☐	mL

2

	☐			
	6	L	900	mL
+	1	L	300	mL
	☐	L	☐	mL

3

	☐			
	4	L	500	mL
+	3	L	550	mL
	☐	L	☐	mL

4

	☐			
	1	L	850	mL
+	3	L	400	mL
	☐	L	☐	mL

5

	☐			
	5	L	680	mL
+	2	L	510	mL
	☐	L	☐	mL

6

	☐			
	6	L	740	mL
+	1	L	290	mL
	☐	L	☐	mL

★ ▢ 안에 알맞은 수를 써넣으세요.

7

	▢			
	5	L	800	mL
+	2	L	300	mL
	▢	L	▢	mL

8

	▢			
	3	L	650	mL
+	1	L	700	mL
	▢	L	▢	mL

9

	▢			
	4	L	340	mL
+	3	L	750	mL
	▢	L	▢	mL

10

	▢			
	2	L	550	mL
+	4	L	930	mL
	▢	L	▢	mL

11

	▢			
	6	L	760	mL
+	1	L	850	mL
	▢	L	▢	mL

12

	▢			
	7	L	490	mL
+	5	L	620	mL
	▢	L	▢	mL

들이의 덧셈과 뺄셈

이름 :
날짜 :
시간 : : ~ :

받아내림이 있는 L, mL 뺄셈 ①

★ ☐ 안에 알맞은 수를 써넣으세요.

mL끼리 뺄 수 없을 때에는 1 L를 1000 mL로 받아내림합니다.

1 6 L 500 mL−1 L 800 mL
= [5] L [1500] mL−1 L 800 mL
= [4] L [700] mL

2 5 L 400 mL−3 L 700 mL= ☐ L ☐ mL−3 L 700 mL
= ☐ L ☐ mL

3 4 L 300 mL−2 L 900 mL= ☐ L ☐ mL−2 L 900 mL
= ☐ L ☐ mL

4 3 L 550 mL−1 L 600 mL= ☐ L ☐ mL−1 L 600 mL
= ☐ L ☐ mL

5 7 L 230 mL−4 L 550 mL= ☐ L ☐ mL−4 L 550 mL
= ☐ L ☐ mL

6 8 L 190 mL−3 L 340 mL= ☐ L ☐ mL−3 L 340 mL
= ☐ L ☐ mL

자르는 선

★ ▢ 안에 알맞은 수를 써넣으세요.

7 4 L 200 mL－1 L 400 mL＝▢ L ▢ mL－1 L 400 mL
＝▢ L ▢ mL

8 8 L 350 mL－2 L 600 mL＝▢ L ▢ mL－2 L 600 mL
＝▢ L ▢ mL

9 3 L 400 mL－1 L 550 mL＝▢ L ▢ mL－1 L 550 mL
＝▢ L ▢ mL

10 6 L 280 mL－3 L 450 mL＝▢ L ▢ mL－3 L 450 mL
＝▢ L ▢ mL

11 7 L 160 mL－5 L 280 mL＝▢ L ▢ mL－5 L 280 mL
＝▢ L ▢ mL

12 10 L 330 mL－8 L 720 mL＝▢ L ▢ mL－8 L 720 mL
＝▢ L ▢ mL

20a

들이의 덧셈과 뺄셈

이름 :
날짜 :
시간 : : ~ :

받아내림이 있는 L, mL 뺄셈 ②

★ □ 안에 알맞은 수를 써넣으세요.

1

	□		□	
	5	L	300	mL
−	1	L	600	mL
	□	L	□	mL

2

	□		□	
	3	L	100	mL
−	1	L	700	mL
	□	L	□	mL

3

	□		□	
	8	L	450	mL
−	4	L	500	mL
	□	L	□	mL

4

	□		□	
	6	L	240	mL
−	2	L	810	mL
	□	L	□	mL

5

	□		□	
	9	L	160	mL
−	6	L	740	mL
	□	L	□	mL

6

	□		□	
	12	L	520	mL
−	5	L	680	mL
	□	L	□	mL

★ □ 안에 알맞은 수를 써넣으세요.

7

	□		□	
	4	L	200	mL
−	2	L	500	mL
	□	L	□	mL

8

	□		□	
	6	L	150	mL
−	3	L	300	mL
	□	L	□	mL

9

	□		□	
	8	L	540	mL
−	2	L	720	mL
	□	L	□	mL

10

	□		□	
	5	L	260	mL
−	1	L	470	mL
	□	L	□	mL

11

	□		□	
	3	L	320	mL
−	1	L	560	mL
	□	L	□	mL

12

	□		□	
	9	L	310	mL
−	6	L	650	mL
	□	L	□	mL

무게 비교

이름 :
날짜 :
시간 : : ~ :

무게 비교하기

★ 더 무거운 쪽에 ○표 하세요.

1

( )

( )

2

( )

( )

3

( )

( )

자르는 선

★ 무게가 무거운 것부터 순서대로 번호를 쓰세요.

4

( ) ( ) ( )

5

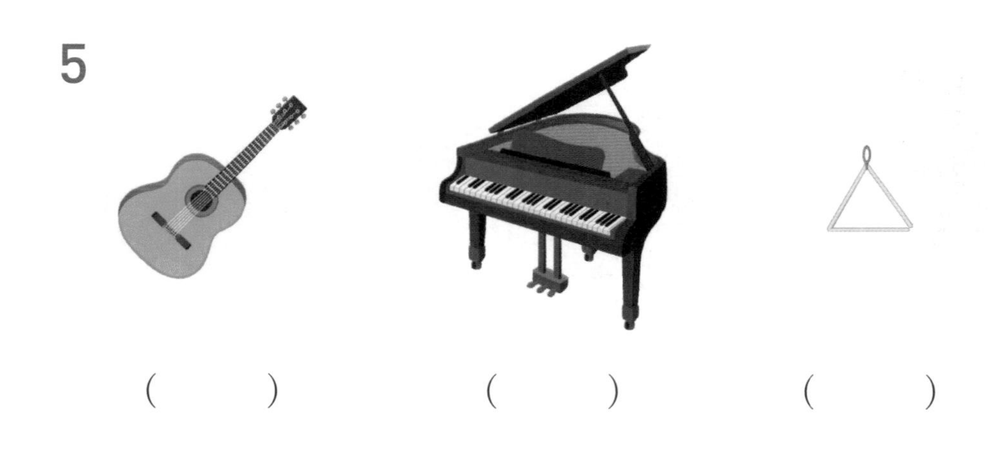

( ) ( ) ( )

6

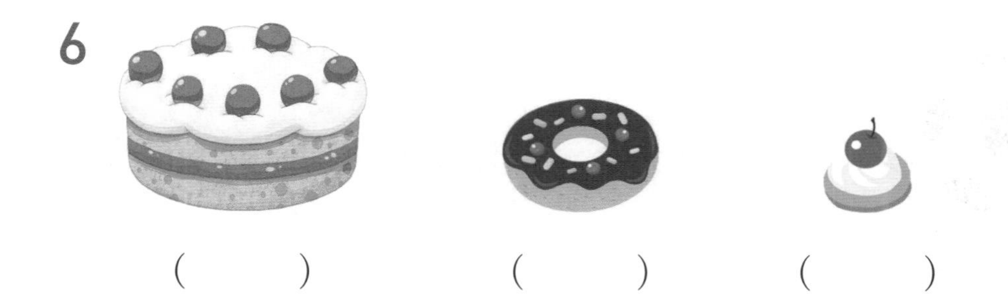

( ) ( ) ( )

무게 비교

이름 :

날짜 :

시간 : : ~ :

저울을 사용하여 물건의 무게 비교하기

★ 더 무거운 쪽에 ○표 하세요.

1

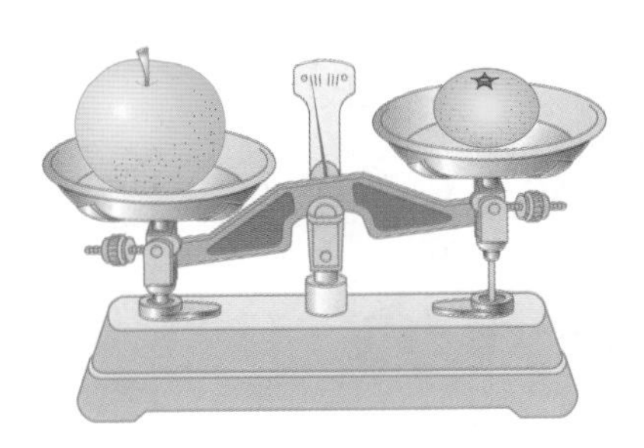

2

3

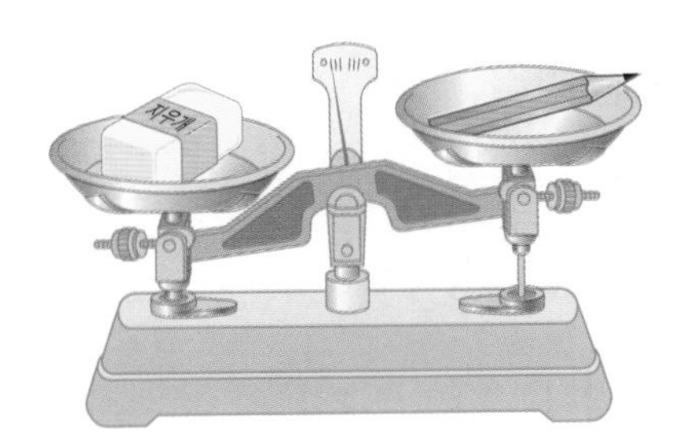

4

5

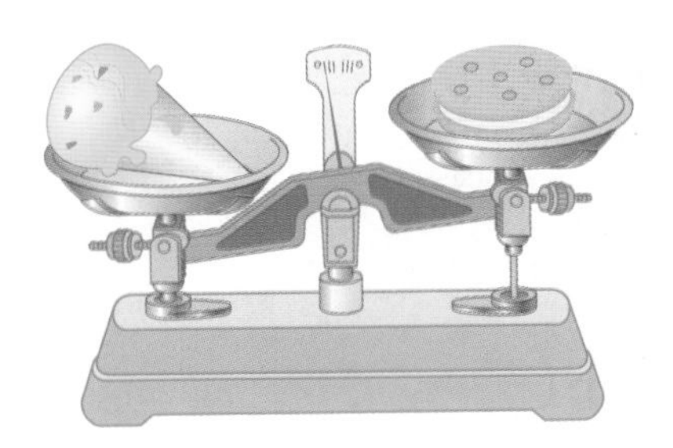

6

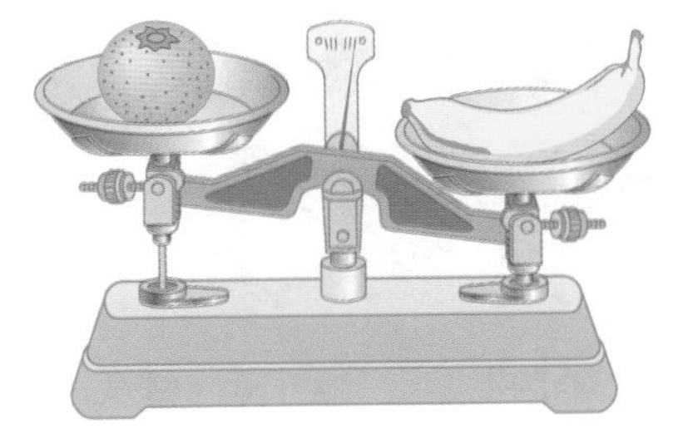

자르는 선

★ 무게가 무거운 것부터 순서대로 번호를 쓰세요.

7

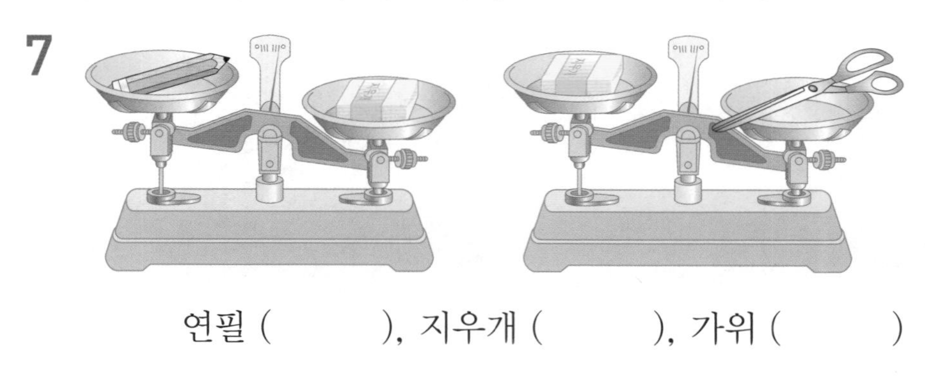

연필 (　　　), 지우개 (　　　), 가위 (　　　)

8

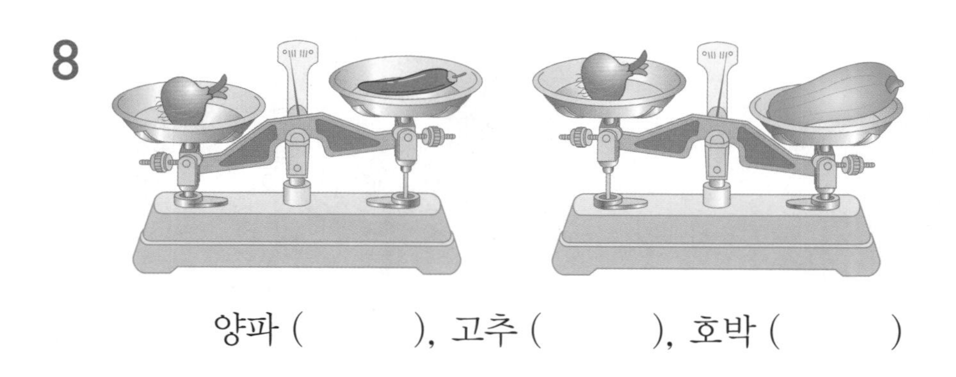

양파 (　　　), 고추 (　　　), 호박 (　　　)

9

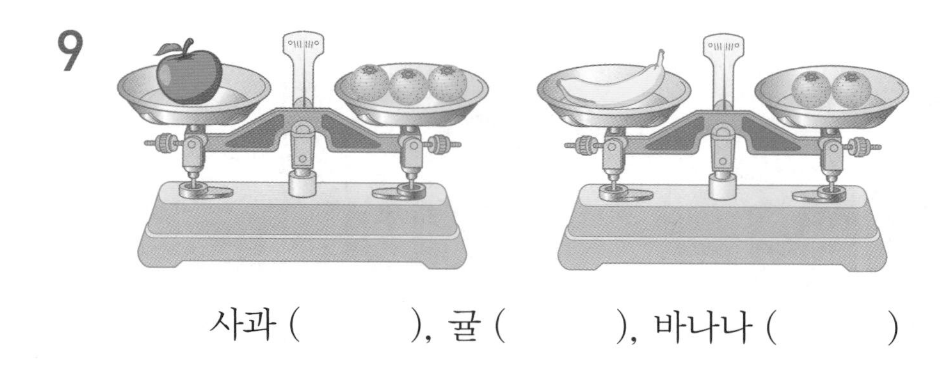

사과 (　　　), 귤 (　　　), 바나나 (　　　)

무게 비교

이름 :
날짜 :
시간 : : ~ :

저울로 단위무게를 이용하여 무게 비교하기

★ 더 무거운 쪽에 ○표 하세요.

1

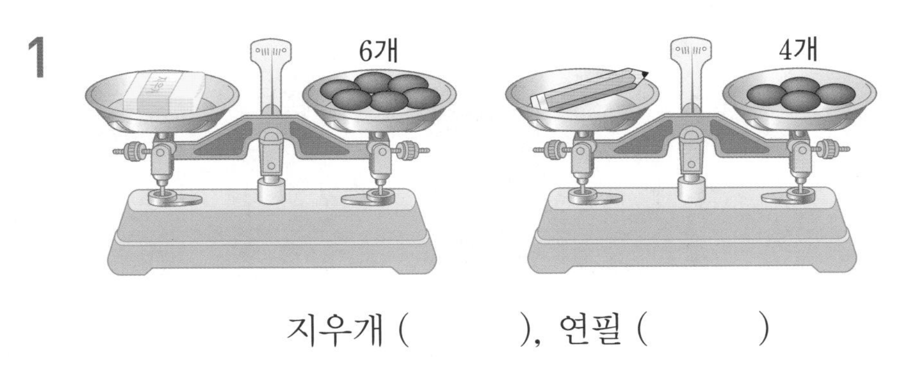

지우개 ( ), 연필 ( )

2

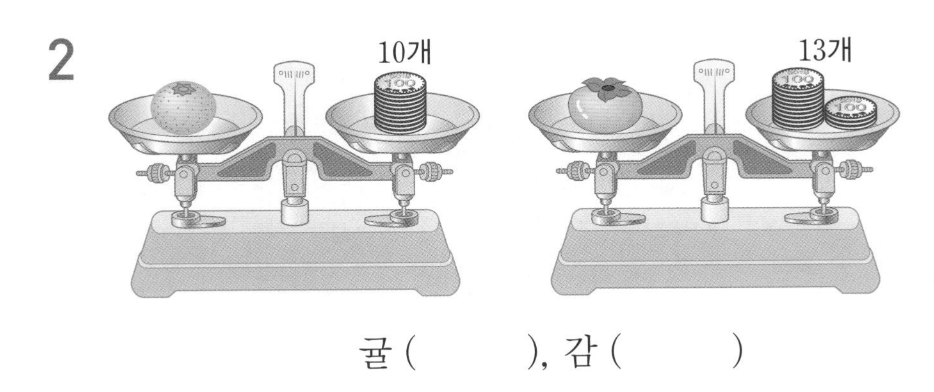

귤 ( ), 감 ( )

3

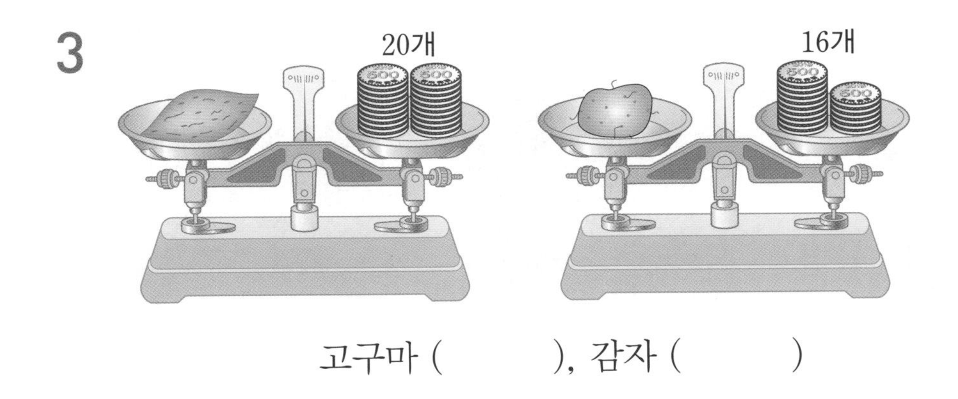

고구마 ( ), 감자 ( )

★ 무게가 무거운 것부터 순서대로 쓰세요.

4 고추 3개 마늘 8개 버섯 10개

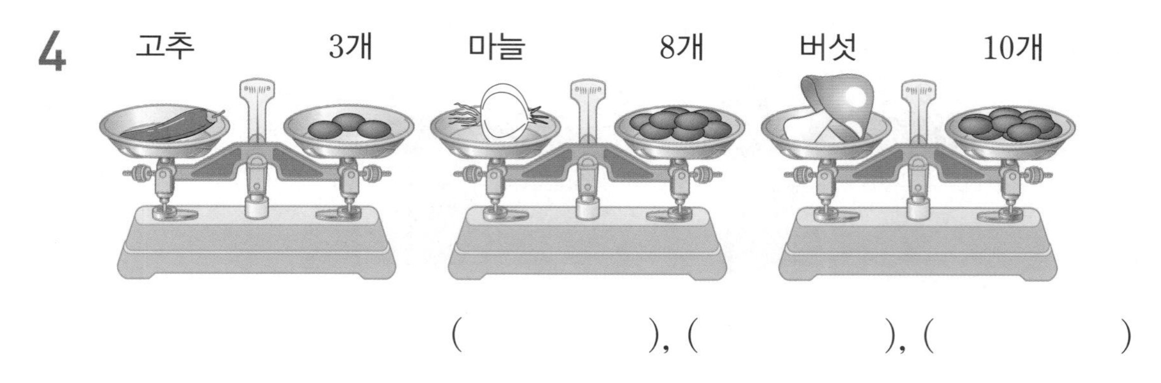

(　　　　), (　　　　), (　　　　)

5 지우개 5개 딱풀 8개 자 3개

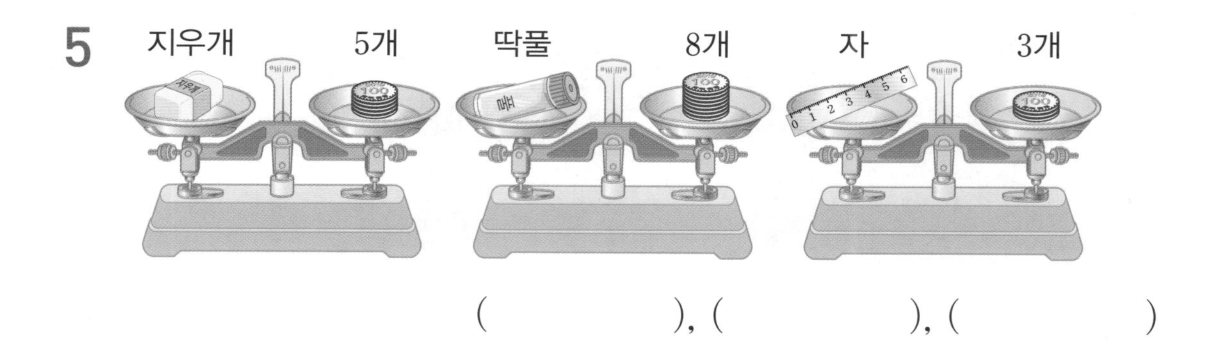

(　　　　), (　　　　), (　　　　)

6 감자 20개 양파 14개 고구마 16개

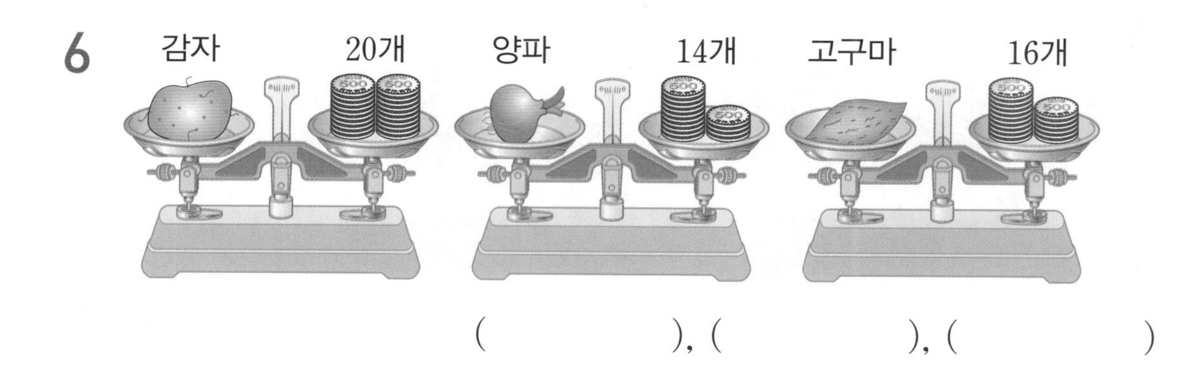

(　　　　), (　　　　), (　　　　)

이름 :
날짜 :
시간 : : ~ :

무게 단위

kg과 g 알기

★ 다음 물건의 무게를 재는 데 kg과 g 중 적당한 단위를 써넣으세요.

1

⇨ (   )

2

⇨ (   )

3

⇨ (   )

4

⇨ (   )

★ 다음의 무게를 재는 데 kg과 g 중 적당한 단위를 써넣으세요.

5

⇨ (　　　　　　　　　　)

6

⇨ (　　　　　　　　　　)

7

⇨ (　　　　　　　　　　)

8

⇨ (　　　　　　　　　　)

이름 :
날짜 :
시간 : : ~ :

무게 단위

무게 단위 알맞게 쓴 것 찾기

★ 그림을 보고 무게의 단위를 알맞게 사용한 것은 ○표, 그렇지 않은 것은 ×표 하세요.

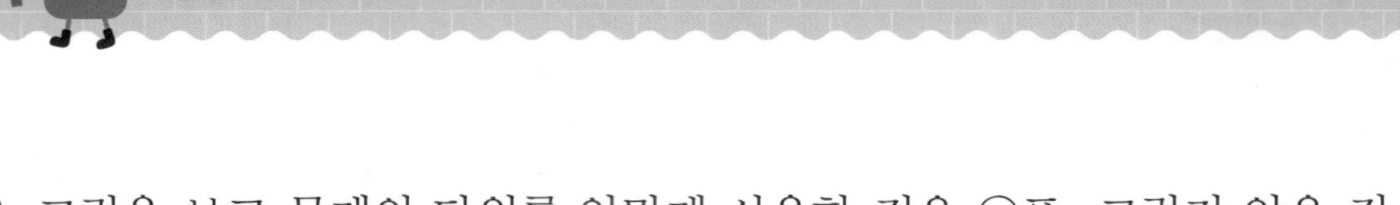

★ 그림을 보고 무게의 단위를 알맞게 사용한 것은 ○표, 그렇지 않은 것은 ×표 하세요.

무게 단위

이름 :
날짜 :
시간 : : ~ :

무게 눈금 읽기

★ 무게가 얼마인지 눈금을 읽고 ☐ 안에 알맞은 수를 써넣으세요.

1

☐ g

2

☐ g

3

☐ g

4

☐ g

5

☐ g

6

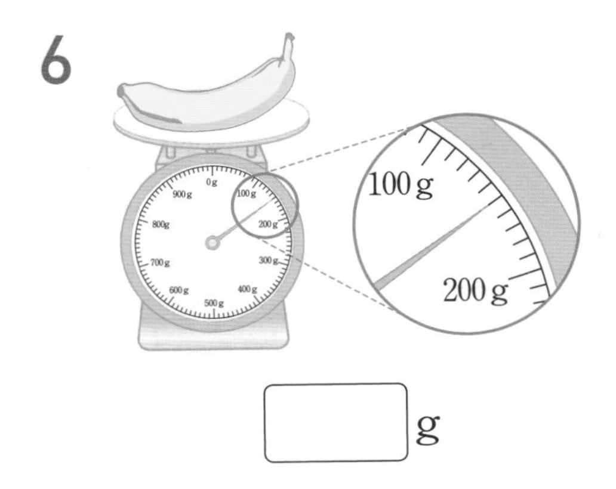

☐ g

★ 무게가 얼마인지 눈금을 읽고 ▢ 안에 알맞은 수를 써넣으세요.

무게 단위

이름 :
날짜 :
시간 : : ~ :

kg과 g의 관계

★ ☐ 안에 알맞은 수를 써넣으세요.

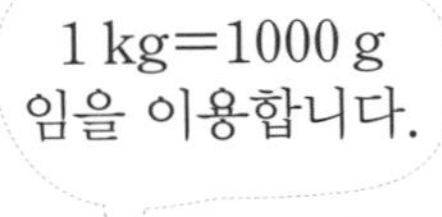

1 $5\text{ kg}=\square\text{ g}$

2 $2\text{ kg }700\text{ g}=2\text{ kg}+700\text{ g}$

$=\square\text{ g}+\square\text{ g}=\square\text{ g}$

3 $6\text{ kg }300\text{ g}=\square\text{ g}$

4 $8\text{ kg }150\text{ g}=\square\text{ g}$

5 $7\text{ kg }340\text{ g}=\square\text{ g}$

6 $4\text{ kg }850\text{ g}=\square\text{ g}$

7 $9\text{ kg }260\text{ g}=\square\text{ g}$

8 $11\text{ kg }600\text{ g}=\square\text{ g}$

자르는 선

★ ☐ 안에 알맞은 수를 써넣으세요.

9 $5000\,g=\square\,kg$

10 $6450\,g=6000\,g+450\,g$

$=\square\,kg+\square\,g=\square\,kg\ \square\,g$

11 $5800\,g=\square\,kg\ \square\,g$

12 $4700\,g=\square\,kg\ \square\,g$

13 $1560\,g=\square\,kg\ \square\,g$

14 $8270\,g=\square\,kg\ \square\,g$

15 $2940\,g=\square\,kg\ \square\,g$

16 $30100\,g=\square\,kg\ \square\,g$

무게 단위

이름 :
날짜 :
시간 : : ~ :

kg보다 큰 단위(t) 알기

★ ☐ 안에 kg과 t 중 알맞은 것을 써넣으세요.

1000 g=1 kg인 것처럼, 1000 kg=1 t이고, 1 t은 1 톤이라고 읽습니다.

1

⇨ 약 3 ☐

2

⇨ 약 4 ☐

3

⇨ 약 9000 ☐

★ □ 안에 kg과 t 중 알맞은 것을 써넣으세요.

4

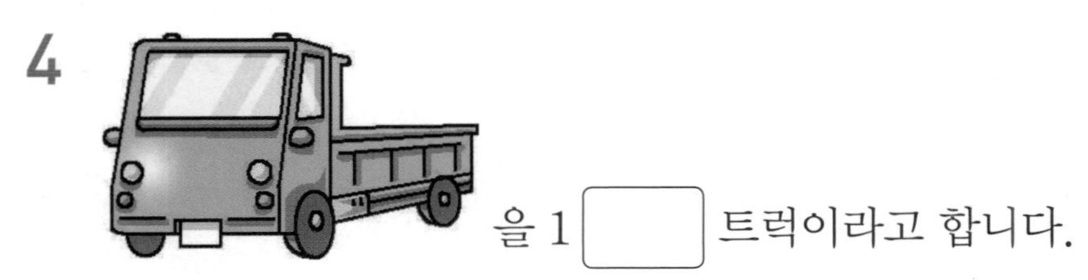

을 1 □ 트럭이라고 합니다.

5

의 무게는 약 2000 □ 입니다.

6

의 무게는 1 □ 입니다.

29a 무게 어림하고 재어 보기

이름 :
날짜 :
시간 : : ~ :

무게 어림해 보기

★ 물건의 무게를 재었더니 그림과 같았습니다. 각 물건 1개의 무게를 어림하여 보세요.

1

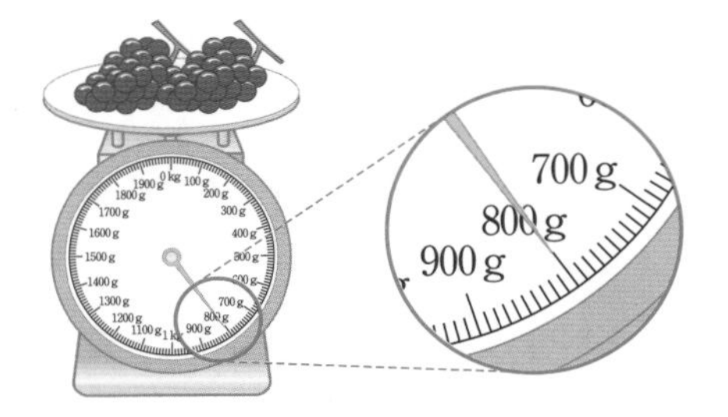

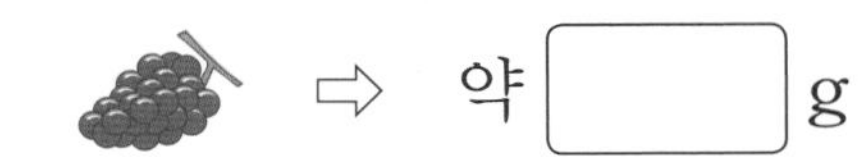

2

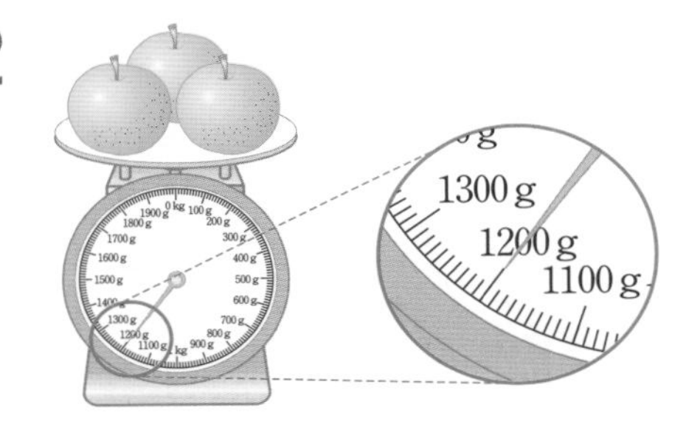

3

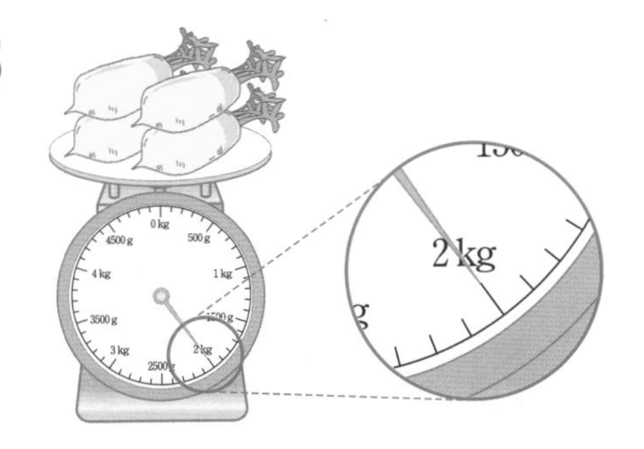

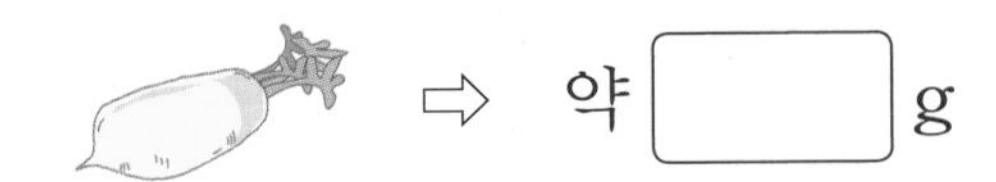

★ 물건의 무게를 재었더니 그림과 같았습니다. 각 물건 1개의 무게를 어림하여 보세요.

4

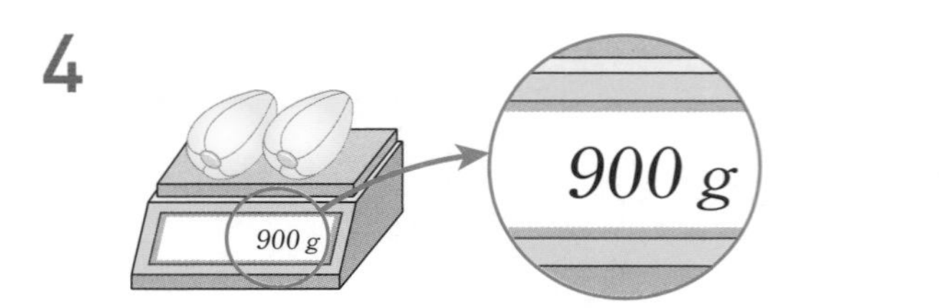

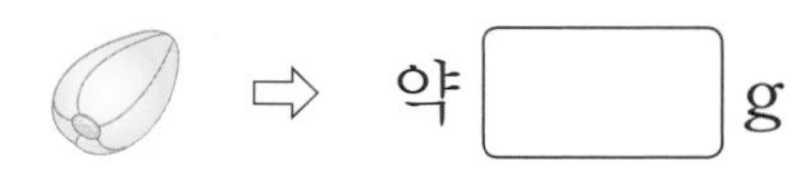

5

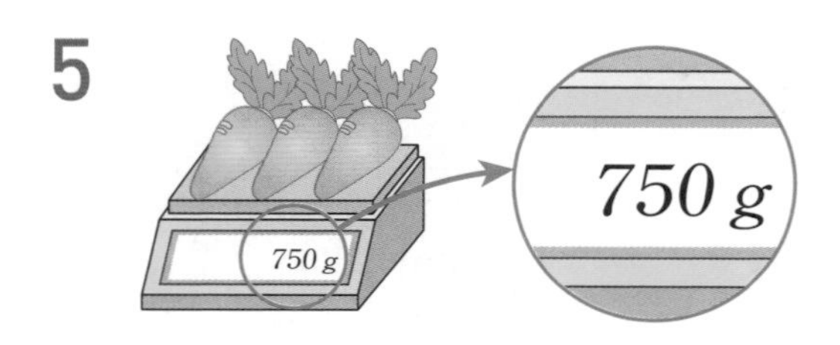

6

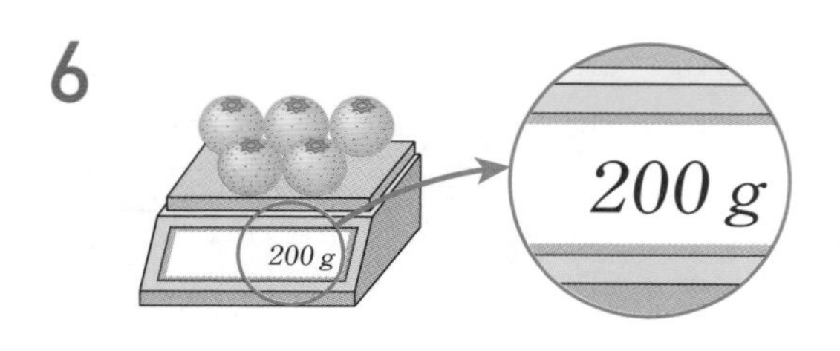

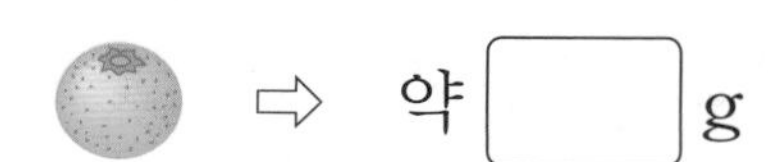

30a

무게 어림하고 재어 보기

이름 :
날짜 :
시간 : : ~ :

어림한 무게에 알맞은 단위 쓰기

★ 어느 단위를 사용하여 무게를 재면 편리할지 알맞은 도구에 ○표 하세요.

1

1 kg　　100 g

2

1 kg　　100 g

3

1 kg　　100 g

4

1 kg　　100 g

★ 알맞은 단위를 선택하여 ○표 하세요.

5

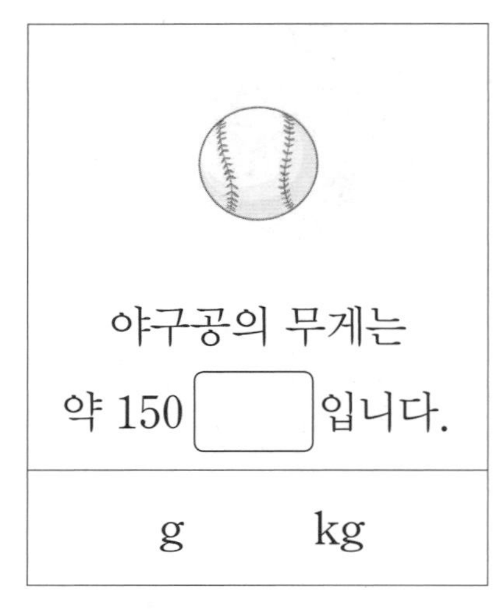

야구공의 무게는

약 150 ☐ 입니다.

g　　kg

6

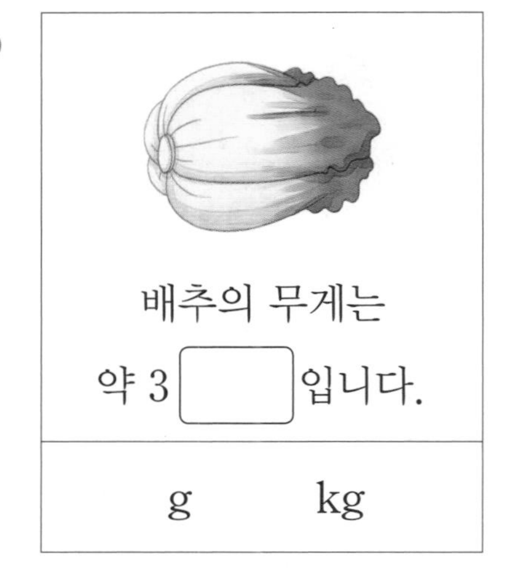

배추의 무게는

약 3 ☐ 입니다.

g　　kg

7

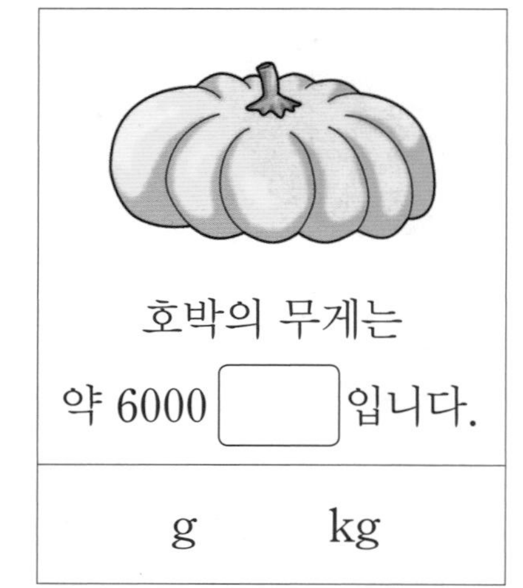

호박의 무게는

약 6000 ☐ 입니다.

g　　kg

8

사탕 한 알의 무게는

약 7 ☐ 입니다.

g　　kg

무게 어림하고 재어 보기

이름 :

날짜 :

시간 : : ~ :

주어진 무게에 알맞은 물건 예상해 보기

★ 주어진 무게에 알맞은 물건을 예상하여 ○표 해 보세요.

1

1 kg	팽이	토마토	우유	바나나

2

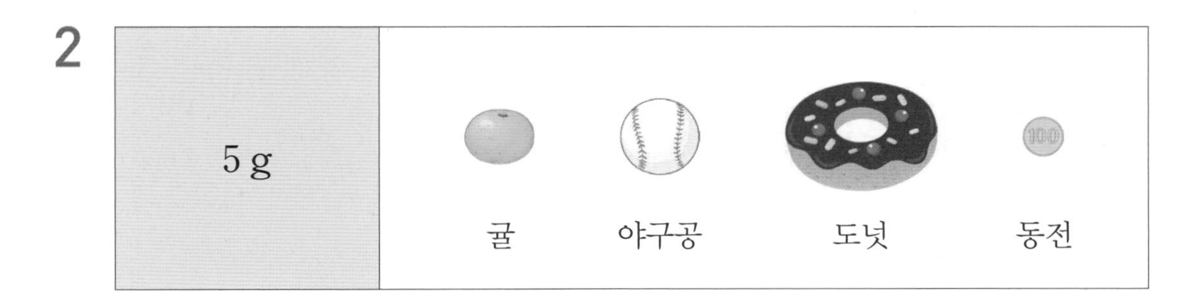

3

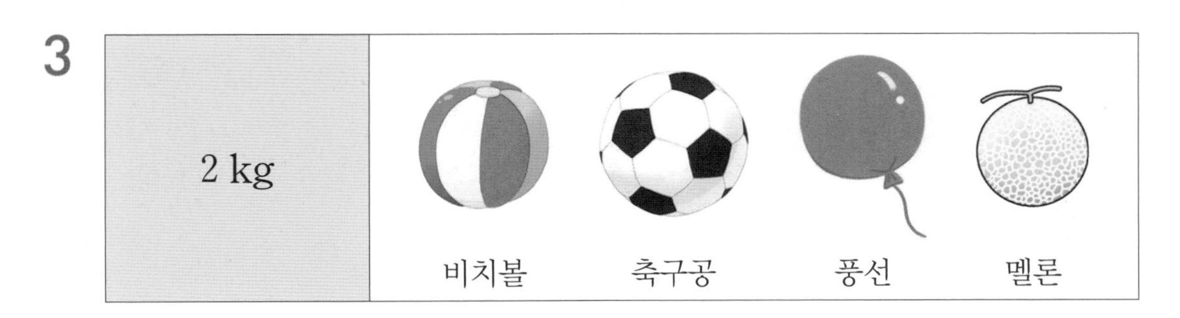

4

★ 보기 중에서 선택하여 문장을 완성해 보세요.

5 ☐의 무게는 약 3 kg입니다.

6 ☐의 무게는 약 1000 g입니다.

7 ☐의 무게는 약 3 t입니다.

8 ☐의 무게는 약 120 kg입니다.

9 ☐의 무게는 약 300 g입니다.

무게의 덧셈과 뺄셈

이름 :
날짜 :
시간 : : ~ :

그림을 보고 덧셈, 뺄셈하기

★ 그림을 보고 두 무게의 합을 구하여 ☐ 안에 알맞은 수를 써넣으세요.

1

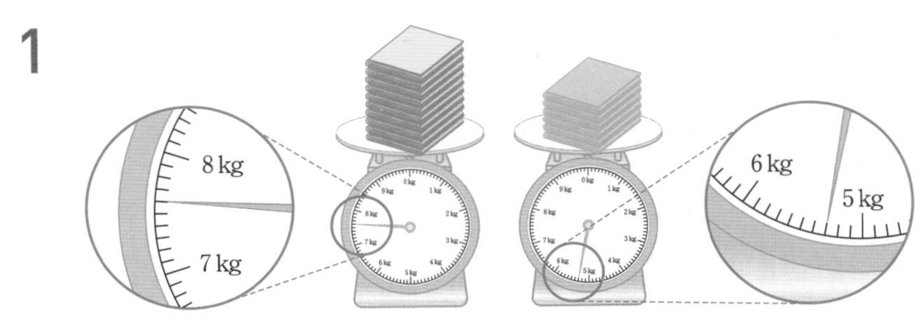

7 kg 600 g+5 kg 300 g=☐ kg ☐ g

2

4 kg
5 kg
2 kg
3 kg

4 kg 600 g+2 kg 300 g=☐ kg ☐ g

3

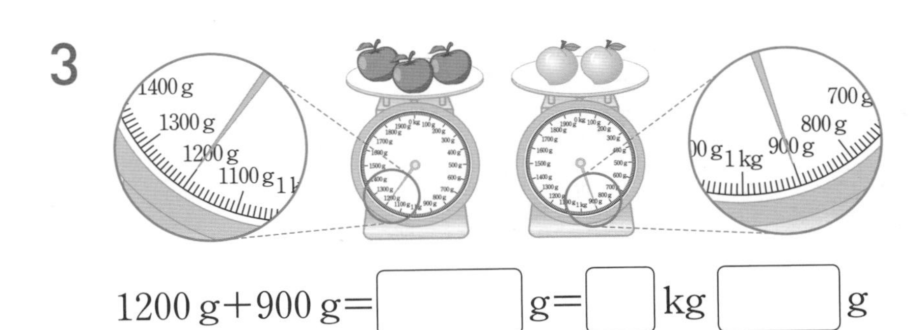

1200 g+900 g=☐ g=☐ kg ☐ g

★ 그림을 보고 두 무게의 차를 구하여 ▢ 안에 알맞은 수를 써넣으세요.

4

7 kg 700 g−5 kg 200 g=▢ kg ▢ g

5

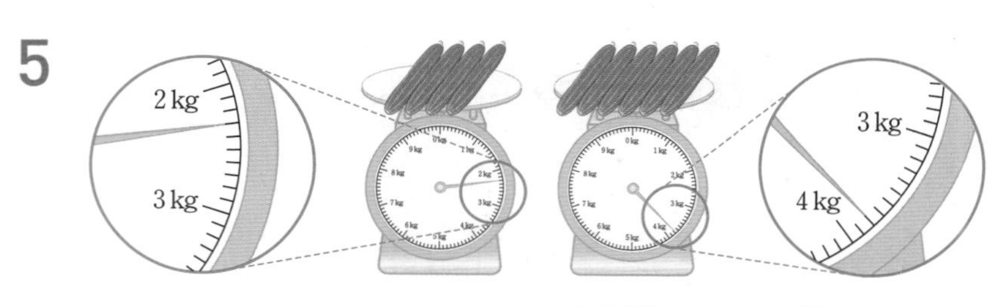

3 kg 800 g−2 kg 300 g=▢ kg ▢ g

6

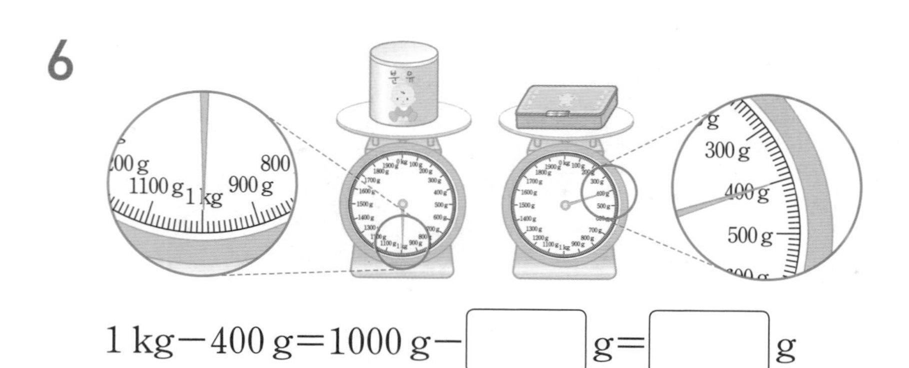

1 kg−400 g=1000 g−▢ g=▢ g

33a

무게의 덧셈과 뺄셈

이름 :
날짜 :
시간 : : ~ :

g 덧셈

★ ▢ 안에 알맞은 수를 써넣으세요.

1 1400 g+1500 g=▢g=▢kg ▢g

2 2200 g+3600 g=▢g=▢kg ▢g

3 4100 g+5700 g=▢g=▢kg ▢g

4 3400 g+1350 g=▢g=▢kg ▢g

5 2630 g+4250 g=▢g=▢kg ▢g

6 6140 g+2530 g=▢g=▢kg ▢g

7 5520 g+4080 g=▢g=▢kg ▢g

8 7360 g+2350 g=▢g=▢kg ▢g

★ ▢ 안에 알맞은 수를 써넣으세요.

9 2800 g+6400 g=▢g=▢kg ▢g

10 5500 g+1700 g=▢g=▢kg ▢g

11 4650 g+3800 g=▢g=▢kg ▢g

12 2940 g+5260 g=▢g=▢kg ▢g

13 1830 g+6450 g=▢g=▢kg ▢g

14 6610 g+1940 g=▢g=▢kg ▢g

15 2470 g+5650 g=▢g=▢kg ▢g

16 8950 g+4500 g=▢g=▢kg ▢g

무게의 덧셈과 뺄셈

이름 :
날짜 :
시간 : : ~ :

g 뺄셈

★ ☐ 안에 알맞은 수를 써넣으세요.

1 $4100\,g-2000\,g=$ ☐ $g=$ ☐ kg ☐ g

2 $7500\,g-4300\,g=$ ☐ $g=$ ☐ kg ☐ g

3 $5400\,g-1200\,g=$ ☐ $g=$ ☐ kg ☐ g

4 $3850\,g-2600\,g=$ ☐ $g=$ ☐ kg ☐ g

5 $6740\,g-3120\,g=$ ☐ $g=$ ☐ kg ☐ g

6 $4480\,g-1350\,g=$ ☐ $g=$ ☐ kg ☐ g

7 $8600\,g-5210\,g=$ ☐ $g=$ ☐ kg ☐ g

8 $2800\,g-650\,g=$ ☐ $g=$ ☐ kg ☐ g

★ ▢ 안에 알맞은 수를 써넣으세요.

9 5200 g−1800 g=▢g=▢kg ▢g

10 3100 g−600 g=▢g=▢kg ▢g

11 6300 g−4750 g=▢g=▢kg ▢g

12 4220 g−1800 g=▢g=▢kg ▢g

13 9340 g−3630 g=▢g=▢kg ▢g

14 7160 g−2580 g=▢g=▢kg ▢g

15 5360 g−1390 g=▢g=▢kg ▢g

16 11640 g−7800 g=▢g=▢kg ▢g

이름 :
날짜 :
시간 : : ~ :

35a 무게의 덧셈과 뺄셈

받아올림이 없는 kg, g 덧셈

★ ▢ 안에 알맞은 수를 써넣으세요.

1 1 kg 300 g+4 kg 500 g=▢ kg ▢ g

2 6 kg 700 g+2 kg 100 g=▢ kg ▢ g

3 3 kg 500 g+2 kg 400 g=▢ kg ▢ g

4 4 kg 250 g+1 kg 600g=▢ kg ▢ g

5 2 kg 150 g+5 kg 250 g=▢ kg ▢ g

6 7 kg 330 g+1 kg 480 g=▢ kg ▢ g

7 5 kg 420 g+5 kg 190 g=▢ kg ▢ g

8 1 kg 560 g+8 kg 340 g=▢ kg ▢ g

자르는 선

★ ▢ 안에 알맞은 수를 써넣으세요.

9

		kg		g
	2	kg	300	g
+	3	kg	600	g
	▢	kg	▢	g

10

		kg		g
	3	kg	200	g
+	5	kg	400	g
	▢	kg	▢	g

11

		kg		g
	1	kg	500	g
+	1	kg	400	g
	▢	kg	▢	g

12

		kg		g
	2	kg	150	g
+	5	kg	300	g
	▢	kg	▢	g

13

		kg		g
	6	kg	200	g
+	2	kg	750	g
	▢	kg	▢	g

14

		kg		g
	4	kg	340	g
+	1	kg	530	g
	▢	kg	▢	g

15

		kg		g
	8	kg	280	g
+	1	kg	640	g
	▢	kg	▢	g

16

		kg		g
	6	kg	440	g
+	15	kg	310	g
	▢	kg	▢	g

36a

무게의 덧셈과 뺄셈

이름 :
날짜 :
시간 : : ~ :

받아내림이 없는 kg, g 뺄셈

★ ☐ 안에 알맞은 수를 써넣으세요.

1 7 kg 600 g−2 kg 500 g=☐ kg ☐ g

2 4 kg 800 g−1 kg 600 g=☐ kg ☐ g

3 6 kg 300 g−3 kg 300 g=☐ kg

4 5 kg 450 g−2 kg 100 g=☐ kg ☐ g

5 8 kg 640 g−5 kg 230 g=☐ kg ☐ g

6 3 kg 760 g−1 kg 520 g=☐ kg ☐ g

7 2 kg 500 g−1 kg 160 g=☐ kg ☐ g

8 9 kg 620 g−4 kg 370 g=☐ kg ☐ g

★ □ 안에 알맞은 수를 써넣으세요.

9

  5 kg 700 g
− 3 kg 200 g
□ kg □ g

10

  7 kg 500 g
− 2 kg 300 g
□ kg □ g

11

  4 kg 350 g
− 1 kg 300 g
□ kg □ g

12

  6 kg 840 g
− 4 kg 410 g
□ kg □ g

13

  3 kg 620 g
− 2 kg 180 g
□ kg □ g

14

  9 kg 730 g
− 6 kg 570 g
□ kg □ g

15

  2 kg 550 g
− 1 kg 260 g
□ kg □ g

16

  11 kg 460 g
− 3 kg 190 g
□ kg □ g

무게의 덧셈과 뺄셈

이름 :
날짜 :
시간 : : ~ :

받아올림이 있는 kg, g 덧셈 ①

★ ▢ 안에 알맞은 수를 써넣으세요.

g끼리 더한 값이 1000이 넘으면 1000 g을 1 kg으로 받아올림합니다.

1 2 kg 700 g+6 kg 400 g=[8] kg [1100] g
=[9] kg [100] g

2 5 kg 600 g+2 kg 800 g=▢ kg ▢ g
=▢ kg ▢ g

3 4 kg 550 g+1 kg 700 g=▢ kg ▢ g
=▢ kg ▢ g

4 2 kg 420 g+5 kg 900 g=▢ kg ▢ g
=▢ kg ▢ g

5 7 kg 830 g+1 kg 520 g=▢ kg ▢ g
=▢ kg ▢ g

6 3 kg 670 g+2 kg 490 g=▢ kg ▢ g
=▢ kg ▢ g

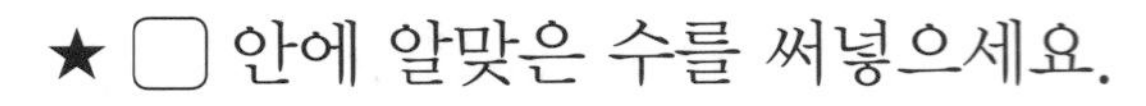

★ ▢ 안에 알맞은 수를 써넣으세요.

7 1 kg 800 g+4 kg 500 g=▢kg ▢g

=▢kg ▢g

8 2 kg 600 g+3 kg 450 g=▢kg ▢g

=▢kg ▢g

9 7 kg 650 g+1 kg 800 g=▢kg ▢g

=▢kg ▢g

10 4 kg 380 g+2 kg 740 g=▢kg ▢g

=▢kg ▢g

11 5 kg 490 g+3 kg 670 g=▢kg ▢g

=▢kg ▢g

12 6 kg 800 g+25 kg 360 g=▢kg ▢g

=▢kg ▢g

38a

무게의 덧셈과 뺄셈

이름 :

날짜 :

시간 : : ~ :

받아올림이 있는 kg, g 덧셈 ②

★ □ 안에 알맞은 수를 써넣으세요.

1

	□			
	1	kg	500	g
+	3	kg	600	g
	□	kg	□	g

2

	□			
	3	kg	850	g
+	5	kg	700	g
	□	kg	□	g

3

	□			
	4	kg	280	g
+	2	kg	940	g
	□	kg	□	g

4

	□			
	6	kg	590	g
+	2	kg	650	g
	□	kg	□	g

5

	□			
	1	kg	750	g
+	6	kg	460	g
	□	kg	□	g

6

	□			
	8	kg	560	g
+	5	kg	700	g
	□	kg	□	g

★ □ 안에 알맞은 수를 써넣으세요.

7

		□			
	4	kg	700	g
+	2	kg	400	g
	□	kg	□	g

8

		□			
	3	kg	300	g
+	5	kg	800	g
	□	kg	□	g

9

		□			
	5	kg	650	g
+	2	kg	900	g
	□	kg	□	g

10

		□			
	1	kg	480	g
+	3	kg	750	g
	□	kg	□	g

11

		□			
	6	kg	560	g
+	1	kg	860	g
	□	kg	□	g

12

		□			
	14	kg	730	g
+	23	kg	690	g
	□	kg	□	g

이름 :
날짜 :
시간 : : ~ :

무게의 덧셈과 뺄셈

받아내림이 있는 kg, g 뺄셈 ①

★ □ 안에 알맞은 수를 써넣으세요.

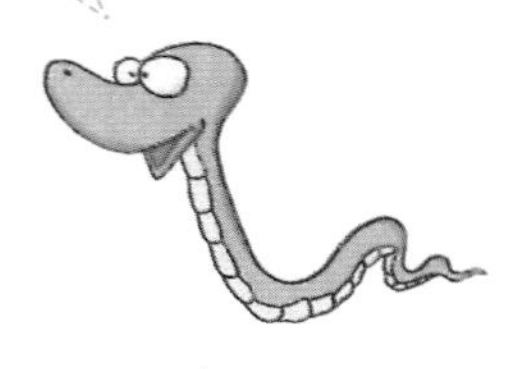

1 5 kg 100 g−3 kg 400 g

=[4] kg [1100] g−3 kg 400 g

=[1] kg [700] g

2 3 kg 400 g−1 kg 500 g=□ kg □ g−1 kg 500 g

=□ kg □ g

3 6 kg 200 g−2 kg 550 g=□ kg □ g−2 kg 550 g

=□ kg □ g

4 8 kg 340 g−5 kg 800 g=□ kg □ g−5 kg 800 g

=□ kg □ g

5 7 kg 260 g−4 kg 310 g=□ kg □ g−4 kg 310 g

=□ kg □ g

6 4 kg 180 g−1 kg 620 g=□ kg □ g−1 kg 620 g

=□ kg □ g

★ ▢ 안에 알맞은 수를 써넣으세요.

7 3 kg 300 g−1 kg 700 g=▢ kg ▢ g−1 kg 700 g

=▢ kg ▢ g

8 7 kg 500 g−4 kg 650 g=▢ kg ▢ g−4 kg 650 g

=▢ kg ▢ g

9 9 kg 120 g−3 kg 400 g=▢ kg ▢ g−3 kg 400 g

=▢ kg ▢ g

10 11 kg 430 g−8 kg 670 g=▢ kg ▢ g−8 kg 670 g

=▢ kg ▢ g

11 25 kg 260 g−12 kg 390 g=▢ kg ▢ g−12 kg 390 g

=▢ kg ▢ g

12 42 kg 350 g−9 kg 880 g=▢ kg ▢ g−9 kg 880 g

=▢ kg ▢ g

무게의 덧셈과 뺄셈

받아내림이 있는 kg, g 뺄셈 ②

★ ☐ 안에 알맞은 수를 써넣으세요.

1

		kg		g
	☐		☐	
	8	kg	200	g
−	4	kg	300	g
	☐	kg	☐	g

2

		kg		g
	☐		☐	
	5	kg	450	g
−	2	kg	700	g
	☐	kg	☐	g

3

		kg		g
	☐		☐	
	7	kg	500	g
−	3	kg	850	g
	☐	kg	☐	g

4

		kg		g
	☐		☐	
	9	kg	320	g
−	6	kg	640	g
	☐	kg	☐	g

5

		kg		g
	☐		☐	
	16	kg	280	g
−	7	kg	520	g
	☐	kg	☐	g

6

		kg		g
	☐		☐	
	32	kg	440	g
−	18	kg	760	g
	☐	kg	☐	g

★ ▢ 안에 알맞은 수를 써넣으세요.

7

	▢		▢	
	4	kg	120	g
−	1	kg	200	g
	▢	kg	▢	g

8

	▢		▢	
	8	kg	400	g
−	6	kg	940	g
	▢	kg	▢	g

9

	▢		▢	
	7	kg	610	g
−	3	kg	850	g
	▢	kg	▢	g

10

	▢		▢	
	6	kg	260	g
−	4	kg	770	g
	▢	kg	▢	g

11

	▢		▢	
	22	kg	480	g
−	8	kg	760	g
	▢	kg	▢	g

12

	▢		▢	
	51	kg	180	g
−	25	kg	590	g
	▢	kg	▢	g

이제 들이와 무게는 걱정 없지요?
혹시 아쉬운 부분이 있다면 그 부분만
좀 더 복습하세요. 수고하셨습니다.

9과정 | 들이/무게

이름	
실시 연월일	년 월 일
걸린 시간	분 초
오답 수	/ 20

기초부터 탄탄하게 기탄교육

1 ㉮와 ㉯의 그릇에 물을 가득 채웠다가 모양과 크기가 같은 작은 컵에 모두 옮겨 담았더니 그림과 같았습니다. ㉮와 ㉯ 중 어느 것의 들이가 더 많은가요?

( )

2 그림을 보고 ▢ 안에 mL와 L 중에서 알맞은 것을 써넣으세요.

3 물의 양이 얼마인지 눈금을 읽고 ▢ 안에 알맞은 수를 써넣으세요.

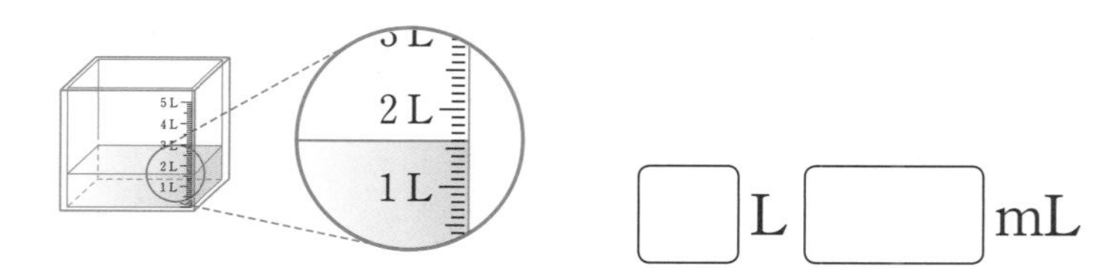

4 ▢ 안에 알맞은 수를 써넣으세요.

(1) 3 L 280 mL = ▢ mL

(2) 9700 mL = ▢ L ▢ mL

5 그림을 보고 ☐ 안에 mL와 L 중에서 알맞은 것을 써넣으세요.

⇨ 물약병의 들이는 약 35 ☐ 입니다.

6 200 mL 들이에 알맞은 물건을 예상하여 ○표 해 보세요.

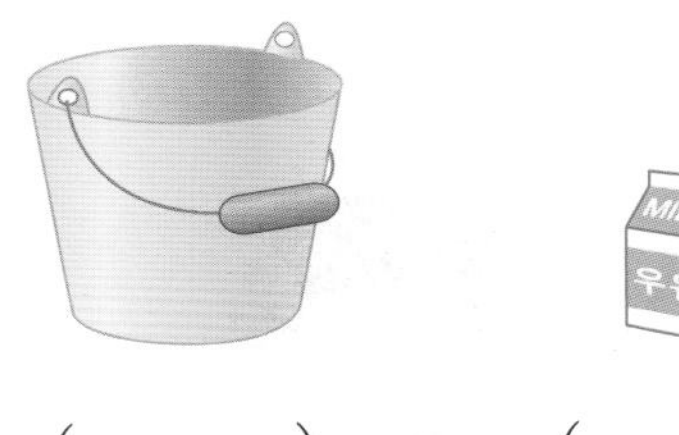

(   )   (   )   (   )

★ ☐ 안에 알맞은 수를 써넣으세요. (7~10)

7 8350 mL + 4525 mL
= ☐ mL
= ☐ L ☐ mL

8 4800 mL − 1640 mL
= ☐ mL
= ☐ L ☐ mL

9

	☐			
	6	L	780	mL
+	8	L	560	mL
	☐	L	☐	mL

10

	☐		☐	
	23	L	340	mL
−	9	L	850	mL
	☐	L	☐	mL

11 무게가 무거운 것부터 순서대로 번호를 써 보세요.

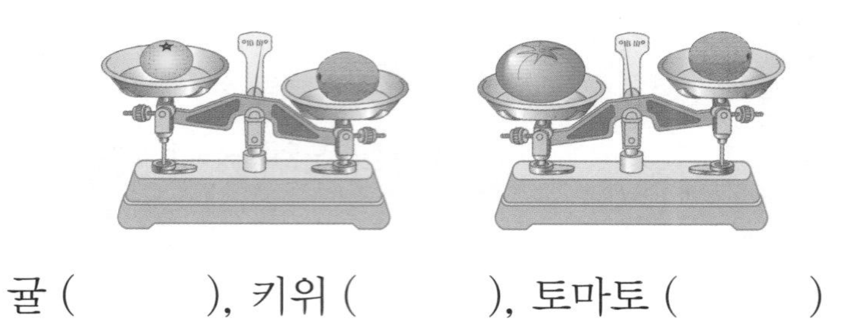

귤 (　　　), 키위 (　　　), 토마토 (　　　)

12 그림을 보고 무게의 단위를 알맞게 사용하였으면 ○표, 그렇지 않으면 ×표 하세요.

(　　　　　　　)

13 무게가 얼마인지 눈금을 읽고 □ 안에 알맞은 수를 써넣으세요.

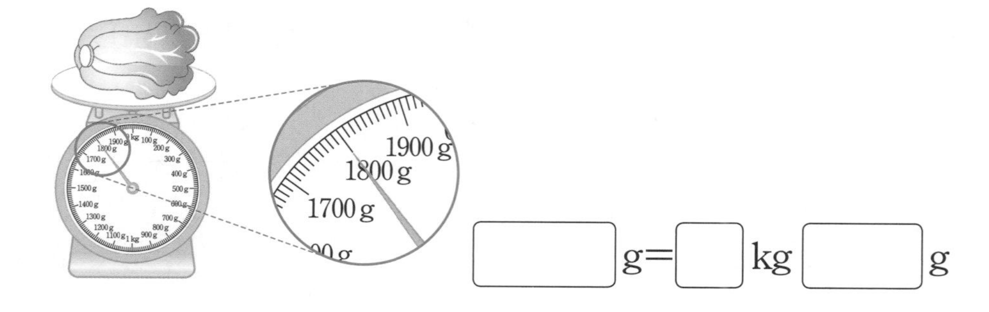

□ g = □ kg □ g

14 □ 안에 알맞은 수를 써넣으세요.

(1) 5 kg 940 g = □ g

(2) 1950 g = □ kg □ g

15 ▢ 안에 kg과 t 중 알맞은 것을 써넣으세요.

그랜드피아노의 무게는 약 400 ▢ 입니다.

16 어느 단위를 사용하여 무게를 재면 편리할지 알맞은 도구에 ○표 하세요.

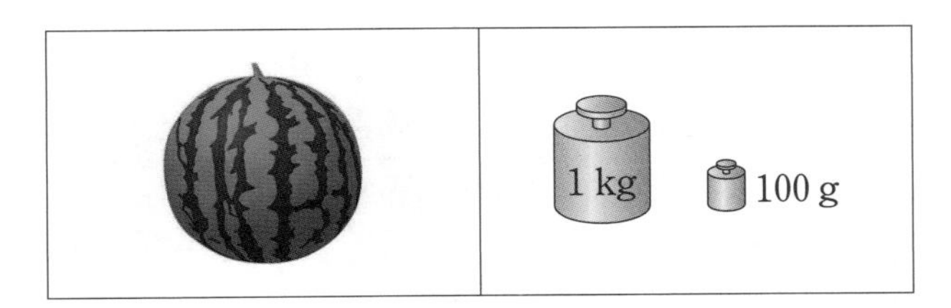

★ ▢ 안에 알맞은 수를 써넣으세요.(17~20)

17 4650 g+3755 g

=▢ g

=▢ kg ▢ g

18 6180 g−2840 g

=▢ g

=▢ kg ▢ g

19

	▢			
	5	kg	590	g
+	4	kg	760	g
	▢	kg	▢	g

20

	▢		▢	
	14	kg	160	g
−	3	kg	435	g
	▢	kg	▢	g

성취도 테스트 결과표

9과정 | 들이/무게

번호	평가 요소	평가 내용	결과(○, X)	관련 내용
1	들이 비교	단위들이를 사용하여 어떤 그릇의 들이가 더 많은지 비교해 보는 문제입니다.		3a
2	들이 단위	주변에서 볼 수 있는 용기들의 들이를 mL와 L로 구분할 수 있는지 확인하는 문제입니다.		5a
3		비커나 수조의 눈금을 정확히 읽어서 들이를 확인하는 문제입니다.		7a
4		L와 mL를 mL로, mL를 L와 mL로 바꾸는 문제입니다.		8a
5	들이 어림하고 재어 보기	주변에서 볼 수 있는 용기의 들이를 어림하여 mL 또는 L로 나타내는 문제입니다.		10b
6		주어진 들이에 알맞은 물건을 예상해 보는 문제입니다.		11a
7	들이의 덧셈과 뺄셈	mL 단위의 합을 구하여 L와 mL로 나타내는 문제입니다.		13a
8		mL 단위의 차를 구하여 L와 mL로 나타내는 문제입니다.		14a
9		받아올림이 있는 L, mL의 덧셈 문제입니다.		18a
10		받아내림이 있는 L, mL의 뺄셈 문제입니다.		20a
11	무게 비교	윗접시저울로 2개씩 무게를 비교하여 무게가 무거운 것부터 순서대로 써 보는 문제입니다.		22b
12	무게 단위	무게의 단위를 알맞게 사용하는 문제입니다.		25a
13		저울의 눈금을 정확히 읽어서 무게를 확인하는 문제입니다.		26a
14		kg과 g을 g, g을 kg과 g으로 바꾸는 문제입니다.		27a
15		물건의 무게를 kg 또는 t을 사용하여 나타내는 문제입니다.		28a
16	무게 어림하고 재어 보기	물건의 무게를 어림하여 1 kg, 100 g짜리 중 어느 추를 사용할지 확인하는 문제입니다.		30a
17	무게의 덧셈과 뺄셈	g 단위의 합을 구하여 kg과 g으로 나타내는 문제입니다.		33a
18		g 단위의 차를 구하여 kg과 g으로 나타내는 문제입니다.		34a
19		받아올림이 있는 kg, g의 덧셈 문제입니다.		38a
20		받아내림이 있는 kg, g의 뺄셈 문제입니다.		40a

평가 기준

평가	□ A등급(매우 잘함)	□ B등급(잘함)	□ C등급(보통)	□ D등급(부족함)
오답 수	0~2	3~4	5~6	7~

- A, B등급: 다음 교재를 시작하세요.
- C등급: 틀린 부분을 다시 한번 더 공부한 후, 다음 교재를 시작하세요.
- D등급: 본 교재를 다시 구입하여 복습한 후, 다음 교재를 시작하세요.

기탄영역별수학
도형·측정편

정답과 풀이

9과정 | 들이/무게

※ 정답과 풀이는 따로 보관하고 있다가 채점할 때 사용해 주세요.

기초부터 탄탄하게 기탄교육

1ab

1 물병	2 페트병
3 물병	4 ( )(○)
5 ( )(○)	6 ( )(○)

〈풀이〉

2 페트병의 물을 물병에 옮겨 담았을 때 물이 넘치므로 페트병에 더 많은 물을 담을 수 있습니다. 따라서 페트병의 들이가 더 많습니다.

2ab

1 ㉯	2 ㉮	3 ㉯
4 ㉰	5 ㉯	6 ㉰

〈풀이〉

1~6 같은 크기의 그릇에 물을 옮겨 담은 것이므로 옮겨 담은 물의 높이가 높을수록 원래 그릇의 들이가 더 많습니다.

3ab

1 ㉯	2 ㉮	3 ㉮
4 ㉯	5 ㉰	6 ㉮

〈풀이〉

1~6 물이 담긴 컵의 개수가 많을수록 원래 그릇의 들이가 더 많습니다.

4ab

1 (2)(1)(3)	2 (1)(3)(2)
3 (2)(3)(1)	4 (3)(1)(2)
5 (2)(3)(1)	6 (1)(3)(2)

5ab

1 mL	2 mL	3 mL
4 mL	5 L	6 L
7 L	8 L, mL	

〈풀이〉

1~8 생활 주변에서 자주 보는 200 mL나 1 L 들이 우유, 500 mL나 2 L 들이 생수병 등을 기준으로 주어진 그릇들의 들이를 어림해 봅니다.

6ab

1 ×	2 ×	3 ○
4 ○	5 ×	6 ○
7 ○	8 ×	9 ○
10 ×	11 ×	12 ×

〈풀이〉

※ 단위가 알맞지 않은 것을 바르게 고쳐 써 보면 다음과 같습니다.

1 이 약병에 들어 있는 물약은 20 mL 정도 돼.

2 나는 오늘 1 L나 주스를 마셨지.

5 욕조에 채운 물이 300 L야.

8 간장 1 L짜리 사 오라고 하셨는데.

10 세제 한 통은 2800 mL쯤 될 거야.

11 약수터에서 물 5 L나 받아 왔다고.

12 종이컵 1개의 들이는 180 mL 아닌가?

7ab

1 400	2 300
3 200	4 100
5 500	6 2
7 2, 500	8 1, 800
9 2, 400	10 3, 200

〈풀이〉

6~10 L와 L 사이의 작은 눈금 10칸 중 한 칸은 100 mL를 나타냅니다.

8ab

1 2000
2 4000, 700, 4700
3 5400 **4** 8250
5 1940 **6** 3560
7 7190 **8** 12600
9 7
10 4, 310, 4, 310
11 6, 700 **12** 1, 900
13 2, 550 **14** 3, 840
15 8, 260 **16** 21, 600

〈풀이〉

2 1 L=1000 mL이므로

4 L 700 mL=4 L+700 mL
=4000 mL+700 mL
=4700 mL

10 1000 mL=1 L이므로

4310 mL=4000 mL+310 mL
=4 L+310 mL
=4 L 310 mL

9ab

1 300 **2** 500
3 200 **4** 800
5 2, 700 **6** 1, 500
7 3

10ab

1 1 L에 ○표 **2** 100 mL에 ○표
3 100 mL에 ○표 **4** 1 L에 ○표
5 L에 ○표 **6** mL에 ○표
7 mL에 ○표 **8** L에 ○표

〈풀이〉

1~4 일반적인 양동이의 들이는 3~5 L 정도, 생수통의 들이는 12~20 L 정도이므로 1 L 단위를 사용하여 재는 것이 편리합니다. 물컵과 작은 음료수병의 들이는 200 mL 정도이므로 100 mL 단위를 사용하여 재는 것이 편리합니다.

11ab

1 에 ○표 **2** 에 ○표
3 에 ○표 **4** 에 ○표
5 페트병 **6** 양동이
7 요구르트병 **8** 우유갑
9 음료수 컵

12ab

1 2, 700 **2** 3, 700
3 4, 900 **4** 1, 100
5 1, 200 **6** 1, 200

13ab

1 3500, 3, 500 **2** 9400, 9, 400
3 5900, 5, 900 **4** 7800, 7, 800
5 3790, 3, 790 **6** 7570, 7, 570

7	9890, 9, 890	8	9820, 9, 820
9	5400, 5, 400	10	6200, 6, 200
11	5400, 5, 400	12	8180, 8, 180
13	8280, 8, 280	14	9160, 9, 160
15	13320, 13, 320	16	12810, 12, 810

14ab

1	4200, 4, 200	2	2200, 2, 200
3	5300, 5, 300	4	5100, 5, 100
5	3330, 3, 330	6	1510, 1, 510
7	4120, 4, 120	8	11200, 11, 200
9	2600, 2, 600	10	2500, 2, 500
11	2600, 2, 600	12	1860, 1, 860
13	3720, 3, 720	14	3690, 3, 690
15	4290, 4, 290	16	14600, 14, 600

15ab

1	2, 700	2	3, 700
3	4, 800	4	2, 550
5	7, 750	6	9, 780
7	11, 800	8	12, 910
9	5, 700	10	4, 900
11	6, 500	12	9, 700
13	7, 390	14	7, 870
15	11, 440	16	11, 870

16ab

1	5, 300	2	2, 300
3	5, 100	4	2, 600
5	4, 150	6	1, 120
7	4, 120	8	4, 400
9	2, 400	10	5, 200
11	5, 500	12	1, 500
13	2, 180	14	3, 310
15	4, 280	16	5, 260

17ab

1 2, 1300, 3, 300
2 3, 1100, 4, 100
3 7, 1200, 8, 200
4 5, 1150, 6, 150
5 8, 1350, 9, 350
6 8, 1030, 9, 30
7 9, 1100, 10, 100
8 9, 1350, 10, 350
9 4, 1280, 5, 280
10 11, 1370, 12, 370
11 8, 1220, 9, 220
12 12, 1050, 13, 50

〈풀이〉

2 2 L 400 mL+1 L 700 mL
=3 L 1100 mL
=4 L 100 mL

18ab

1	(1), 8, 300	2	(1), 8, 200
3	(1), 8, 50	4	(1), 5, 250
5	(1), 8, 190	6	(1), 8, 30
7	(1), 8, 100	8	(1), 5, 350
9	(1), 8, 90	10	(1), 7, 480
11	(1), 8, 610	12	(1), 13, 110

〈풀이〉

1
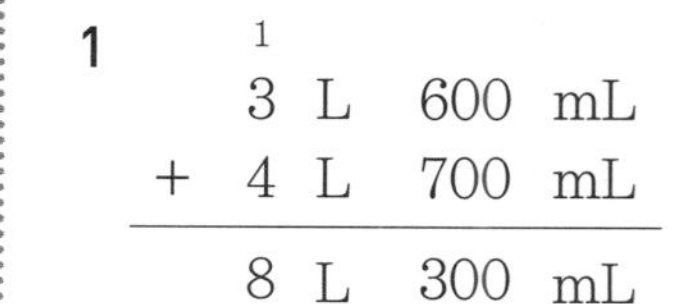

9과정 정답과 풀이

19ab

1 5, 1500, 4, 700
2 4, 1400, 1, 700
3 3, 1300, 1, 400
4 2, 1550, 1, 950
5 6, 1230, 2, 680
6 7, 1190, 4, 850
7 3, 1200, 2, 800
8 7, 1350, 5, 750
9 2, 1400, 1, 850
10 5, 1280, 2, 830
11 6, 1160, 1, 880
12 9, 1330, 1, 610

〈풀이〉

2 5 L 400 mL−3 L 700 mL
=4 L 1400 mL−3 L 700 mL
=1 L 700 mL

20ab

1 (4, 1000), 3, 700
2 (2, 1000), 1, 400
3 (7, 1000), 3, 950
4 (5, 1000), 3, 430
5 (8, 1000), 2, 420
6 (11, 1000), 6, 840
7 (3, 1000), 1, 700
8 (5, 1000), 2, 850
9 (7, 1000), 5, 820
10 (4, 1000), 3, 790
11 (2, 1000), 1, 760
12 (8, 1000), 2, 660

〈풀이〉

1
	4		1000	
	~~5~~	L	300	mL
−	1	L	600	mL
	3	L	700	mL

21ab

1 ( )(○) 2 (○)( )
3 (○)( ) 4 (3)(2)(1)
5 (2)(1)(3) 6 (1)(2)(3)

22ab

1 에 ○표 2 에 ○표
3 에 ○표 4 에 ○표
5 에 ○표 6 에 ○표
7 (3)(2)(1)
8 (2)(3)(1)
9 (1)(3)(2)

〈풀이〉

9 사과 1개는 귤 3개의 무게와 같고 바나나 1개는 귤 2개의 무게와 같습니다. 따라서 무거운 것부터 차례로 쓰면 사과, 바나나, 귤입니다.

23ab

1 지우개에 ○표 2 감에 ○표
3 고구마에 ○표 4 버섯, 마늘, 고추
5 딱풀, 지우개, 자
6 감자, 고구마, 양파

24ab

1 g 2 kg 3 kg
4 g 5 g 6 kg
7 g 8 kg

25ab

1 ○	2 ×	3 ○
4 ×	5 ○	6 ○
7 ×	8 ×	9 ○
10 ○	11 ×	12 ○

〈풀이〉

※ 단위가 알맞지 않은 것을 바르게 고쳐 써 보면 다음과 같습니다.

2 이 쌀은 약 4 kg 정도야.

4 소고기 한 근은 600 g입니다.

7 내 몸무게는 25 kg이야.

8 엄마가 설탕 3 kg짜리를 사 오라고 하셨는데.

11 운동할 때 드는 아령 1개의 무게는 2 kg 정도야.

26ab

1 200	2 300	3 400
4 900	5 750	6 150
7 1	8 3	9 1200
10 1700	11 2500	12 1, 300

27ab

1 5000

2 2000, 700, 2700

3 6300	4 8150
5 7340	6 4850
7 9260	8 11600

9 5

10 6, 450, 6, 450

11 5, 800	12 4, 700
13 1, 560	14 8, 270
15 2, 940	16 30, 100

28ab

1 t	2 t	3 kg
4 t	5 kg	6 t

29ab

1 400	2 400	3 500
4 450	5 250	6 40

〈풀이〉

1 포도 2송이의 무게가 800 g이므로 포도 1송이의 무게는 약 800÷2=400 (g)입니다.

2 배 3개의 무게가 1200 g이므로 배 1개의 무게는 약 1200÷3=400 (g)입니다.

3 2 kg=2000 g입니다.
무 4개의 무게가 2000 g이므로 무 1개의 무게는 약 2000÷4=500 (g)입니다.

4 참외 2개의 무게가 900 g이므로 참외 1개의 무게는 약 900÷2=450 (g)입니다.

5 당근 3개의 무게가 750 g이므로 당근 1개의 무게는 약 750÷3=250 (g)입니다.

6 귤 5개의 무게가 200 g이므로 귤 1개의 무게는 약 200÷5=40 (g)입니다.

30ab

1 100 g에 ○표	2 100 g에 ○표
3 1 kg에 ○표	4 100 g에 ○표
5 g에 ○표	6 kg에 ○표
7 g에 ○표	8 g에 ○표

〈풀이〉

1~4 조각 케이크의 무게는 약 100 g, 농구공의 무게는 약 600 g, 포도 1송이의 무게는 약 400~600 g 정도이므로 100 g짜리 추를 사용하여 재는 것이 좋습니다. 볼링공의 무게는 약 3~7 kg 정도이므로 1 kg짜리 추를 사용하여 재는 것이 좋습니다.

31ab

1 에 ○표　　**2** 에 ○표

3 에 ○표　　**4** 에 ○표

5 닭　　**6** 무
7 하마　　**8** 돼지
9 사과

32ab

1 12, 900　　**2** 6, 900
3 2100, 2, 100
4 2, 500　　**5** 1, 500
6 400, 600

33ab

1 2900, 2, 900　　**2** 5800, 5, 800
3 9800, 9, 800　　**4** 4750, 4, 750
5 6880, 6, 880　　**6** 8670, 8, 670
7 9600, 9, 600　　**8** 9710, 9, 710
9 9200, 9, 200　　**10** 7200, 7, 200
11 8450, 8, 450　　**12** 8200, 8, 200
13 8280, 8, 280　　**14** 8550, 8, 550
15 8120, 8, 120　　**16** 13450, 13, 450

34ab

1 2100, 2, 100　　**2** 3200, 3, 200
3 4200, 4, 200　　**4** 1250, 1, 250
5 3620, 3, 620　　**6** 3130, 3, 130
7 3390, 3, 390　　**8** 2150, 2, 150
9 3400, 3, 400　　**10** 2500, 2, 500
11 1550, 1, 550　　**12** 2420, 2, 420
13 5710, 5, 710　　**14** 4580, 4, 580
15 3970, 3, 970　　**16** 3840, 3, 840

35ab

1 5, 800　　**2** 8, 800
3 5, 900　　**4** 5, 850
5 7, 400　　**6** 8, 810
7 10, 610　　**8** 9, 900
9 5, 900　　**10** 8, 600
11 2, 900　　**12** 7, 450
13 8, 950　　**14** 5, 870
15 9, 920　　**16** 21, 750

36ab

1 5, 100　　**2** 3, 200
3 3　　**4** 3, 350
5 3, 410　　**6** 2, 240
7 1, 340　　**8** 5, 250
9 2, 500　　**10** 5, 200
11 3, 50　　**12** 2, 430
13 1, 440　　**14** 3, 160
15 1, 290　　**16** 8, 270

37ab

1 8, 1100, 9, 100
2 7, 1400, 8, 400
3 5, 1250, 6, 250

4 7, 1320, 8, 320
5 8, 1350, 9, 350
6 5, 1160, 6, 160
7 5, 1300, 6, 300
8 5, 1050, 6, 50
9 8, 1450, 9, 450
10 6, 1120, 7, 120
11 8, 1160, 9, 160
12 31, 1160, 32, 160

38ab

1 (1), 5, 100
2 (1), 9, 550
3 (1), 7, 220
4 (1), 9, 240
5 (1), 8, 210
6 (1), 14, 260
7 (1), 7, 100
8 (1), 9, 100
9 (1), 8, 550
10 (1), 5, 230
11 (1), 8, 420
12 (1), 38, 420

39ab

1 4, 1100, 1, 700
2 2, 1400, 1, 900
3 5, 1200, 3, 650
4 7, 1340, 2, 540
5 6, 1260, 2, 950
6 3, 1180, 2, 560
7 2, 1300, 1, 600
8 6, 1500, 2, 850
9 8, 1120, 5, 720
10 10, 1430, 2, 760
11 24, 1260, 12, 870
12 41, 1350, 32, 470

40ab

1 (7, 1000), 3, 900
2 (4, 1000), 2, 750
3 (6, 1000), 3, 650
4 (8, 1000), 2, 680
5 (15, 1000), 8, 760
6 (31, 1000), 13, 680
7 (3, 1000), 2, 920
8 (7, 1000), 1, 460
9 (6, 1000), 3, 760
10 (5, 1000), 1, 490
11 (21, 1000), 13, 720
12 (50, 1000), 25, 590

성취도 테스트

1 ㉯
2 mL
3 1, 600
4 (1) 3280 (2) 9, 700
5 mL
6 ( )(○)( )
7 12875, 12, 875
8 3160, 3, 160
9 (1), 15, 340
10 (22, 1000), 13, 490
11 (3)(2)(1)
12 ×
13 1800, 1, 800
14 (1) 5940 (2) 1, 950
15 kg
16 1 kg 에 ○표
17 8405, 8, 405
18 3340, 3, 340
19 (1), 10, 350
20 (13, 1000), 10, 725

〈풀이〉

12 쌀 작은 포대 1개의 무게는 약 4 kg입니다.

16 수박의 무게는 일반적으로 4~13 kg 정도입니다. 따라서 수박의 무게는 1 kg짜리 추를 사용하여 재는 것이 편리합니다.